建筑工程施工与暖通消防技术应用

石 岩 周明军 罗 安 著

U0253936

吉林科学技术出版社

图书在版编目（CIP）数据

建筑工程施工与暖通消防技术应用 / 石岩 , 周明军 , 罗安著 . -- 长春 : 吉林科学技术出版社 , 2022.12
ISBN 978-7-5744-0127-3

Ⅰ . ①建… Ⅱ . ①石… ②周… ③罗… Ⅲ . ①建筑工程—工程施工—研究②建筑工程—采暖设备—工程施工—研究③建筑工程—通风系统—工程施工—研究④建筑物—消防—研究 Ⅳ . ① TU74 ② TU83 ③ TU998.1

中国版本图书馆 CIP 数据核字 (2022) 第 247046 号

建筑工程施工与暖通消防技术应用

著　　　　石　岩　周明军　罗　安
出 版 人　宛　霞
责任编辑　李红梅
封面设计　刘梦杏
制　　版　刘梦杏
幅面尺寸　170mm×240mm
开　　本　16
字　　数　230 千字
印　　张　13.25
印　　数　1–1500 册
版　　次　2023年8月第1版
印　　次　2023年8月第1次印刷

出　　版　吉林科学技术出版社
发　　行　吉林科学技术出版社
地　　址　长春市南关区福祉大路5788号出版大厦A座
邮　　编　130118
发行部电话/传真　0431-81629529　81629530　81629531
　　　　　　　　　　81629532　81629533　81629534
储运部电话　0431-86059116
编辑部电话　0431-81629510
印　　刷　廊坊市印艺阁数字科技有限公司

书　　号　ISBN 978-7-5744-0127-3
定　　价　70.00 元

前　言

　　新时代，随着国民经济的快速发展，建筑业在国民经济的促进下蓬勃发展。作为主导国家经济的重要工业之一，建筑业引起了国家主管部门对其安全监督管理的关注。建筑项目具有独特的性质，是一个复杂的过程，具有许多风险源和漫长的建设周期，施工人员众多的特点使得与监督人员和现场安全的协调尤其重要。

　　建筑工程施工全过程管理，即在建筑工程施工的不同时期，多维度、全方位地开展管理，降低内外部因素对建筑工程施工的不利影响，确保建筑工程施工的进度、质量和安全性，以及实现理想的建筑社会效益、经济效益。建筑工程施工全过程管理重点针对施工准备、施工、竣工等流程，即做好事前、事中、事后管理。

　　建筑工程施工质量检测与建筑工程施工质量验收是对建筑工程施工质量进行评判的两个方面，二者相辅相成。检测检验机构工程技术人员在施工质量检测活动中，因检测项目漏项、检测数量不足或检测参数不全等原因，易将施工质量检测误判为施工质量鉴定。误判易引起工程检测技术人员使用技术标准不当，违反政府监督部门的有关法规规定，造成检测行为不当、检测结论错误等后果，进而引发个人不良信用信息扣分等问题。所以建筑工程技术管理是工程项目的重要组成部分，贯穿于整个施工项目。实践证明，施工技术管理水平将直接影响建筑工程的施工进度及施工质量，因此，加强施工技术管理工作具有重要的意义。

　　我国经济的快速发展，对建筑工程的规划工作提出了更加明确的要求。建筑消防工程既要保证建筑的美观、艺术性，又要保证建筑的施工安全、可靠，科学地实施火灾预防减灾规划，并且合理地规划建筑内部空间，为人们保留畅通的安全撤离途径，全方位遏制火势蔓延的趋势。防火分隔技术可以起到控制火势蔓延的作用，在火灾发生时能及时疏散被困人员，控制火势蔓延，降低人员和财产的损失，保证消防工作顺利进行。

本书通过对建筑工程施工与暖通消防技术进行分析，希望给从事相关行业的读者带来一些有益的参考和借鉴。

目 录 //

第一章　建筑工程施工技术

第一节　建筑技术发展趋势

随着科学技术的进步，建筑工程技术得到了迅速的发展，新的工程材料、建筑结构形式、施工技术不断涌现，尤其是建筑施工十项新技术的推广和应用，使得建筑行业的技术进步获得了长足的发展。对于施工现场的指挥者和领导者——注册建造师而言，通过继续全面了解建筑工程技术的新发展，不仅有利于提高身处生产第一线的建造师自身的专业技术素养，还有利于提高建设工程项目的管理水平，保证工程质量安全。

建筑工程技术是兴建房屋建筑的规划、勘察、设计、施工技术的总称，其目的是为人类社会提供服务，不断地提高人们的生活水平。进入21世纪以来，在全球科技进步和工程建设推进的大背景下，建筑高度不断攀升，跨度不断增大，建设体量不断扩大，施工难度也在不断增加，在这一过程中，工程材料、结构工程和施工技术都得到了迅猛发展。

此外，在可持续发展的时代主题下，节能环保的理念已经向建筑工程技术渗透。绿色建筑技术已经成为时代发展的潮流，工程材料的绿色环保特性日益受到人们的重视，轻质高强材料被大量使用在结构工程中，除了满足高、大、复杂的结构形式外，充分体现了发挥结构潜力，降低材料用量的原则。而绿色施工更是实现"四节（节能、节地、节材、节水）一环保"的关键环节之一。

总之，随着科技的进步，人类对自然力的认识更加深刻，工程视野日益开阔，建筑工程技术在近年来取得了长足发展，其总体呈现出以下特点：更安全、更经济、更环保、更高效。工程材料、结构工程和施工技术三方面的发展趋势如下。

一、工程新材料发展趋势

工程材料是建筑工程的基础。由天然材料（如木材、石材）的直接应用到人工合成材料（如钢材、混凝土）的发明推广可见，工程领域的每一次飞跃，都离不开材料的变革。建筑结构工程所期望的新材料应具有轻质、高强度、高弹性模量、高耐久性等特点。此外，传统工程材料开始向绿色环保化方向发展。

（一）钢材、混凝土等传统材料的改进

在工程新材料的发展过程中，钢材和混凝土等传统材料的改进仍将占据重要地位。近年来，大量体型复杂的高层建筑相继出现，为了适应结构发展的需要，一大批轻质、高强度、高弹性模量、高耐久性的工程材料也应运而生。

钢材的高强度化、高耐久性，成为钢材技术的主要发展目标。高强度钢材的使用不但有利于节省钢材，提高材料的利用率和结构安全程度，而且在经济上也有较大优势，国内钢筋的强度价格也有随其等级提高而上升的趋势。混凝土的高强高性能化成为混凝土技术的重要发展方向。混凝土强度的提高有助于减小结构截面尺寸，减轻结构自重，提高耐久性，且在经济上有一定优势。高强高性能混凝土（High-Strength Concrete/High-Performanceoncrete，以下简称为 HSC/HPC）除了要求混凝土应具有较高的强度（国内一般认为强度等级超过 C50）外，还应具有高工作性、高耐久性。目前，在国内工程应用成功的 HSC/HPC 已达 C120 级。

（二）新型结构材料的出现

近年来，以纤维增强复合材料（Fiber Reinforced Polymer/Plastic，以下简

称为FRP）为代表的新型结构材料开始活跃在工程界，代表性的FRP材料包括碳纤维、玻璃纤维、芳纶纤维等复合材料。与传统工程材料（钢材与混凝土）相比，新型结构材料具有更轻的质量、更高的抗拉强度、良好的耐腐蚀性等特点，为工程结构提供了更加广阔的发展空间。如广泛用于加固工程的碳纤维布（密度仅为1750kg/m^3，抗拉强度高达4.5GPa）、FRP筋（密度约为2000kg/m^3，抗拉强度可达1.0GPa以上）。

（三）建筑材料的绿色环保化发展

传统工程材料耗能巨大，如平均生产1t水泥就要消耗1t石灰石、150kg标煤、110kWh电，在"四节一环保"的时代背景下，建筑材料的"4R"（可更新renew、再循环recycle、可再利用reuse、减少能耗reduce）特性越来越受到人们的重视，由此发展起来的绿色高性能混凝土、再生骨料混凝土、绿色墙体材料等，都围绕着节能减排的主题。

二、工程新结构趋势

建筑结构伴随社会生产和人类活动的需要而诞生和发展，传统的钢筋混凝土结构和钢结构仍在全球建筑中占据统治地位，但新近建成的建筑表明，传统结构开始向多种结构形式优化组合的新型结构方向发展，出现了对各种杂交组合体系、组合结构和混合结构体系等创新结构体系的研究，以充分发挥不同材料和体系的优点。同时，新型结构的出现推动了工程材料技术的进步。总体而言，世界各国的建设高潮中，建筑结构形式的突破与创新集中体现在高层/超高层建筑、大跨度空间建筑工程等工程建设成就中。

（一）高层／超高层建筑

在国内，高层建筑一般认为是层数超过10层，高度超过24m的建筑，而超高层建筑的高度或层数虽无明确规定，但通常认为高度超过100m的建筑即为超高层建筑。现代高层建筑是商业化、城市化和工业化的产物，一定程度上反映了一个国家、一个地区的社会和经济发展水平。

高层/超高层建筑的结构体系仍以框架—剪力墙体系、框架—筒体体系、筒中筒体系和框架—支撑体系（多用于钢结构）为主，超高层建筑多采用后三者。

而近年来发展起来的组合结构（Composite Structure）和混合结构（Hybrid Structure）成为国外高层/超高层建筑研究的热点。组合结构指两种或多种材料组合在一起而形成的结构形式，如钢骨混凝土和钢管混凝土柱截面；而混合结构指两种或多种结构体系组合在一起的结构形式，钢—混凝土的混合结构在国内应用较多，而其中又以外钢框架—混凝土核心筒结构居多。组合结构的使用能够充分提高钢材和混凝土的利用率，尤其在约束条件下使用高强混凝土更能体现其强度优势；混合结构则既具有钢结构的技术优势，又具有混凝土造价相对低廉的特点，特别是我国现场施工的人力成本比国外低，采用混合结构比采用纯钢结构，在经济方面更有优势。

（二）大跨空间结构

大跨空间建筑即屋盖结构跨度超过80m的空间建筑，多用于体育馆、展览馆、机场等大型公共建筑，其发展情况已成为代表一个国家建筑科技水平的重要标志之一。大跨空间建筑结构的基本单元包括板壳单元、梁单元、杆单元、索单元和膜单元，这些单元的集成组合可形成多达33种空间结构形式，常用的包括五大类：薄壳结构、网壳结构、网架结构、悬索结构和膜结构。

21世纪以来，大跨空间建筑的跨度不断增大，如江苏南通体育会展中心，网壳主跨达到280m。空间结构的形式也趋于多样化、高效轻型化，由传统的刚性结构发展到半刚性、柔性结构，如近年发展起来的索穹顶结构、张弦梁结构、弦支穹顶结构等，上海浦东国际机场航站楼82.6m的屋盖就采用了张弦梁结构。

三、工程施工新方法发展趋势

现代结构工程技术复杂程度越来越高，推动了与之相适应的施工技术不断向前发展，在地基基础、混凝土和钢筋工程、模板和脚手架工程、钢结构等方面都有了新的突破，工业化技术、信息化技术和绿色施工技术开始全面向施工领域渗透。

地基基础施工技术的进展主要体现在深基础施工方面，其中又以深基坑和桩基础施工技术为代表。深基坑开挖的深度和规模都有增大的趋势，如上海世博会地下变电站基坑开挖深度达34m；其支护结构形式也有新发展，如天津地铁一号线洪湖里车站采用的型钢水泥土复合搅拌桩支护结构技术。高层/超高层建筑的桩基础则向更长、截面尺寸更大的方向发展，国外钻孔桩直径已达4m以上，深度超过150m，而挖孔桩直径可达8m，深度超过40m；同时，桩基础也发展出一些新的施工技术。如灌注桩后注浆技术、长螺旋钻孔压灌桩技术、水泥粉煤灰碎石桩技术等。

混凝土和钢筋工程施工技术的进展主要体现在新材料技术、工业化应用方面。高强高性能混凝土黏稠度比较大，泵送起来较为困难，尤其体现在高层/超高层建筑中，由此发展出超高泵送混凝土技术，如三一重工设计的超高压混凝土输送泵创造了单泵垂直泵送混凝土492m的高度。中联重科设计的超高压混凝土输送泵，出口压力达到40MPa，将C120的混凝土泵送至417m的高度。

另外，在结构复杂、配筋较密、钢管混凝土等施工空间受限制的工程结构中，混凝土不易振捣密实，免振捣的自密实混凝土技术（Self-Compacting Concrete）得以发展，并在国内工程中开始应用，如国家体育馆型钢混凝土柱采用的C40和C50自密实混凝土。

钢筋的工业化应用技术有利于提高工程质量和施工效率，近年来日益受到人们的重视，国内发展了钢筋焊接网应用技术、预制混凝土装配整体式结构施工技术等。

模板和脚手架工程施工技术的进展主要体现在提升模板技术、提升外脚手架技术、新型模板脚手架技术方面。由于高层/超高层建筑的迅速发展，为解决钢筋混凝土核心筒的施工工艺，近年来提升模板技术有了较快发展，如液压爬升模板技术、大吨位长行程油缸整体顶升模板技术等；同样，提升外脚手架技术也广泛用于高层/超高层建筑施工中，如近年来发展的附着升降脚手架技术；新型模板脚手架的发展呈现出体系化、多样化、环保化的特点，如钢（铝）框胶合板模板、塑料模板、插接式钢管脚手架、盘销式钢管脚手架等。

第二节　地基与桩基工程

地基基础工程是整个工程建设的重要组成部分，它的造价、工期和劳动消耗量在整个工程建设中所占的比重很大。我国工程建设总造价中，地基基础工程约占1/4，而大型、高耸构筑物，地基基础工程的工期要占总工期的1/3以上，基础工程设计的是否恰当，直接影响工程的造价和工期，因此在工程建设中，地基基础工程技术的发展和改进具有重要意义。

当建筑物上部结构荷载较大，地基上部土层较差，而下部土层有可作为桩基持力层的较好土层时，最适宜采用桩基；当建筑物受竖向荷载大，或受地面大面积荷载影响的结构对沉降方面有较高要求也可采用桩基。当有较大倾覆力矩的高耸结构，采用桩基础能较好地承受水平力矩及抗拔力，而桩基础造价较低，施工工期短，已在工程中广泛采用。

随着施工工艺、成孔机具、材料等方面的不断革新，桩技术也不断地改进和提高，为建筑物提供安全可靠的基础，以适应更加复杂的建设需要。

一、深基坑施工技术

建筑工程，尤其是高层/超高层建筑工程，设计的一个重要问题是必须满足建筑抗倾覆和地基基础稳定性要求，由此建筑地基基础设计规范规定了基础埋置深度与其建筑物高度的比例。此时，采用浅基础已难以满足高度日益增加的建筑物的设计要求，因此，随之出现了形式多样的深基础工程。深基础工程具有复杂性、隐蔽性、不可逆性，其已经成为大型和高层建筑施工中极其重要的环节。

（一）深基础施工概述

深基础在20世纪50年代曾被定义为埋深超过5m的基础工程，这种以简单数字定义的方法不太科学，现今所谓的浅基础、深基础似乎只是沿袭一个传统习惯，提供一个概念而已，如桩基础、沉井基础、箱桩基础、深基坑支护工程等常被统称为深基础，这实际上并非单纯按照基础埋置深度作为划分标准，而是按照基础结构的主要特征和对施工技术的不同要求作出的分类。深基础应理解为采用了特殊的结构形式、特殊的施工方法完成的基础，完整意义的深基础工程可包括以下部分。

（1）深基础深部结构体：桩、墩、锚、沉井、沉箱等；

（2）深基坑工程：围护结构（如地下连续墙）、基坑内外土体加固（本属于地基处理范畴）、撑锚体系、工程降水、土方开挖；

（3）桩承台/筏形基础等结构体（传统上属于浅基础范畴）：大体积混凝土施工；

（4）工程监测与环境保护：重要组成部分，应用于桩基施工、基坑围护结构施工、降水、土方开挖、大体积混凝土施工等各阶段。

由以上组成可知，深基础工程是一门综合性很强的边缘学科，其近年来的发展主要以深基坑施工技术和桩基础施工技术的进步为代表。

1.深基坑施工

基坑工程在我国的发展相对较晚，20世纪70年代以前的基坑都比较浅，北京、上海等地的高层、多层建筑的地下室均为4m左右的单层地下室，其他城市的基坑工程发展更慢。20世纪80年代以后，各大城市的深基坑工程陆续增加。自20世纪90年代中期以来，我国的高层建筑日益增多，建筑面积越来越大，基坑工程凸显出超大规模、超深开挖的特点。

我国深基坑工程设计施工技术经过多年的发展，推动了设计施工理念的更新。人们提出了概念设计、动态设计、施工监测、信息反馈、临界报警、应急措施设计等一系列理论与技术。深基坑工程在设计理论、支护结构技术、防排水工艺及信息化监测等方面都取得了长足进步。

2.桩基础施工

桩基础是一种古老的基础形式，历史悠久，应用广泛且发展迅速。随着19世纪后期钢筋、水泥、混凝土等新兴材料的问世和普及应用，各类新型的桩基础形式应运而生。桩基础工程发展至今，其施工方法已经超过300种，它的变化、完善、更新可以说是日新月异。21世纪以来，桩基础施工技术的主要发展方向包括以下方面：

（1）桩的尺寸向长、大方向发展（面向高层/超高层建筑）；

（2）桩的尺寸向短、小方向发展（面向基础加固、建筑物纠偏）；

（3）向攻克桩成孔难点方向发展；

（4）向低公害工法桩方向发展；

（5）向扩孔桩方向发展；

（6）向异形桩方向发展；

（7）向埋入式桩方向发展；

（8）向组合式工艺桩方向发展；

（9）向高强度桩方向发展；

（10）向多种桩身材料方向发展。

（二）深基坑施工技术

高层建筑地下室、地下商场、地下车库等施工时都需要开挖较深的基坑。大量深基坑工程的出现，促进了设计计算理论和施工工艺的发展，而深基坑施工技术无疑是保证深基础顺利施工的关键技术之一。

1.深基坑施工技术分类

（1）开挖技术

深基坑开挖技术主要可分为放坡开挖技术(顺作)和逆作开挖技术两大类。

①放坡开挖技术（顺作）。

放坡开挖技术较简单，施工方便，造价低廉，待开挖完成后，地下室结构可自下而上进行顺作施工。但放坡开挖需要较大的场地，尤其是在主城区相邻建筑密集的情况下不易开展。其适用范围如下：高层建筑层数较低，通常为8～30层；采用1～3层箱形基础，基坑开挖深度4～12m；土质较好，无地下水或地下水水量不大；相邻建筑有一定距离，允许开挖放坡，不影响原有建筑的稳定性。由于高层建筑的施工周期较长，采用放坡开挖的基坑一年后才能回填，因此，施工中应注意对坡面进行保护，防止风吹、雨淋导致的边坡失稳。

②逆作开挖技术。

逆作开挖技术是将地下结构的外墙作为基坑支护的挡墙（地下连续墙），将结构的梁板作为挡墙的水平支撑，将结构的框架柱作为挡墙支撑立柱的自上而下作业的基坑支护施工方法。根据基坑支撑方式，逆作法可分为全逆作法、半逆作法和部分逆作法三种。逆作法设计施工的关键是节点问题，即墙与梁板的连接，柱与梁板的连接，它关系到结构体系能否协调工作、建筑功能能否实现。逆作开挖技术具有节地、节材、环保、施工效率高、施工总工期短等特点，适用于建筑群密集、相邻建筑物较近、地下水位较高、地下室埋深大和施工场地狭小的高（多）层地上、地下建筑工程，如地铁站、地下车库、地下贮库、地下变电站等。

（2）支护技术

基坑支护包括两个主要功能：一是挡土，二是止水。按照这个思路，支护结构可分为挡土（挡水）及支撑拉结两部分，而挡土部分因地质水文情况不同，又分为透水部分及止水部分。

（3）止水、降水、排水技术

为了保证土方开挖和地下室施工处于"干"的状态，常需要通过降低地下水位或配以设置止水帷幕，使地下水位在基坑底面0.5～1.0m以下。降低地下水位也有利于基坑围护结构的稳定性，防止流土、管涌、坑底隆起引起破坏。对于渗透性很小的地基既可以不降低地下水位也可以不设置止水帷幕，在基坑开挖过程中产生的少量积水采用明沟排水处理。

（4）监测技术

基坑工程监测通过在工程支护（围护）结构上布设凸球面的钢制测钉，作为位移监测点，使用监测仪器定期对各点进行监测，根据变形值判定是否采取措施，消除影响，避免进一步变形发生危险。监测方法可分为基准线法和坐标法。

墙顶水平位移监测点旁布设围护结构的沉降监测点，布点要求间隔15～25m布设一个监测点，利用高程监测的方法对围护结构墙顶进行沉降监测。

2.型钢水泥土复合搅拌桩支护结构技术

型钢水泥土复合搅拌桩支护结构技术又称SMW（Soil Mixing Wall）工法，是通过特制的多轴深层搅拌机自上而下将施工场地原位土体切碎，同时从搅拌头处将水泥浆等固化剂注入土体并与土体搅拌均匀，通过连续的重叠搭接施工，形成水泥土地下连续墙；在水泥土硬凝前，将型钢插入墙中，形成型钢与水泥土的复合墙体。型钢水泥土复合搅拌桩支护结构技术与其他围护工艺相比，具有施工简便、造价低、无污染、抗渗性好等特点。

型钢水泥土复合搅拌桩支护结构技术的主要技术指标包括以下方面。

（1）型钢水泥土搅拌墙的计算与验算应包括内力和变形计算、整体稳定性验算、抗倾覆稳定性验算、坑底抗隆起稳定性验算、抗渗流稳定性验算和坑外土体变形估算；

（2）型钢水泥土搅拌墙中三轴水泥土搅拌桩的直径宜采用650mm、850mm、1000mm；内插的型钢宜采用H型钢；

（3）水泥土复合搅拌桩28d无侧限抗压强度标准值不宜小于0.5MPa；搅拌桩的入土深度，宜比型钢的插入深度深0.5～1.0m；

（4）搅拌桩体与内插型钢的垂直度偏差不应大于1/200；当搅拌桩达到设计强度且龄期不小于28d后，方可进行基坑开挖。

型钢水泥土复合搅拌桩支护结构技术的适用范围：深基坑支护，可在黏性土、粉土、沙砾土中使用，目前国内主要在软土地区有成功应用案例。

二、灌注桩后注浆技术

灌注桩后注浆是指在灌注桩成桩后一定时间，通过预设在桩身内的注浆导管及与之相连的桩端、桩侧处的注浆阀注入水泥浆。

（一）注浆加固机理

一是通过桩底和桩侧后注浆加固桩底沉渣（虚土）和桩身泥皮；二是对桩底和桩侧一定范围的主体通过渗入（粗颗粒土）、劈裂（细粒土）和压密（非饱和松散土）注浆起到加固作用，从而增大桩侧阻力和桩端阻力，提高单桩承载力，减少桩基沉降。

在优化注浆工艺参数的前提下，可使单桩承载力提高40%～120%，粗粒土增幅高于细粒土，桩侧、桩底复式注浆高于桩底注浆；桩基沉降减小30%左右。可利用预埋于桩身的后注浆钢导管进行桩身完整性超声检测，注浆用钢导管可取代等承载力桩身纵向钢筋。

（二）灌注桩后注浆的形式

根据地层性状、桩长、承载力增幅和桩的使用功能（抗压、抗拔）等因素，灌注桩后注浆可采用桩底注浆、桩侧注浆、桩侧桩底复式注浆等形式。

（三）灌注桩后注浆的主要技术指标

1.浆液水灰比：地下水位以下0.45～0.65，地下水位以上0.7～0.9。

2.最大注浆压力：软土层4～8MPa，风化岩10～16MPa。

3.单桩注浆水泥量：$Gc=apd+asnd$，式中桩端注浆量经验系数 ap=1.5～1.8，桩侧注浆量经验系数 as=0.5～0.7，n 为桩侧注浆断面数，d 为桩径（m）。

4.注浆流量不宜超过75L/min。

灌注桩后注浆技术的适用范围：除沉管灌注桩外的各类泥浆护壁和干作业的钻、挖、冲孔灌注桩。

（四）工艺流程

方案设计→（注浆参数）钻孔→下钢筋笼→埋设注浆管→（清孔）灌注混凝土→（经过7~24h）清水劈裂注浆→（经过7~25d龄期）初注浆→（监测、上抬及泛浆）观测注浆压力、注浆量→记录最大压力最终注浆量→成桩。

三、长螺旋钻孔压灌桩技术

长螺旋钻孔压灌桩技术又称CFA（Continuous Flight Auger）工法桩，是采用长螺旋钻机钻孔至设计标高，利用混凝土泵将混凝土从钻头底压出，边压灌混凝土边提升钻头直至成桩，然后利用专门的振动装置将钢筋第一次插入混凝土桩体，形成钢筋混凝土灌注桩。

（一）工序

插入钢筋笼，应在压灌混凝土工序后连续进行，与普通水下灌注桩施工工艺相比，长螺旋钻孔压灌桩施工，由于不需要泥浆护壁，无泥皮、无沉渣、无泥浆污染，施工速度快，造价较低。

（二）长螺旋钻孔压灌桩的主要技术指标

1.混凝土中可掺加粉煤灰或外加剂，每方混凝土的粉煤灰掺量宜为70~90kg；

2.混凝土中粗骨料可采用卵石或碎石，最大粒径不宜大于30mm；

3.混凝土坍落度宜为180~220mm；

4.提钻速度宜为1.2~1.5m/min；

5.长螺旋钻孔压灌桩的充盈系数宜为1.0~1.2；

6.桩顶混凝土超灌高度不宜小于0.3~0.5m；

7.钢筋笼插入速度宜控制在1.2~1.5m/min。

长螺旋钻孔压灌桩技术的适用范围：地下水位较高，易塌孔，且长螺旋钻孔机可以钻进的地层。

（三）长螺旋钻孔压灌桩技术施工工艺过程

长螺旋钻孔至设计标高→打开钻头活门→通过中空螺旋钻杆高压泵送混凝土→待混凝土出钻头活门后，边提钻边不间断地泵送混凝土→泵送并提钻至不塌孔位置或孔口→将钻具提出孔口→将埋入式振动器或插筋框架装入筋材，与筋材下部的凸台相抵，移至桩孔中心→筋材插入混凝土一定深度→振动或辅以注浆插筋→将插筋框架提出→补充振入孔壁和孔底的混凝土并振捣。

四、水泥粉煤灰碎石桩复合地基技术

（一）国内外发展概况

水泥粉煤灰碎石桩复合地基是由水泥、粉煤灰、碎石、砂加水拌和形成的高黏结强度桩（以下简称CFG桩），通过在建筑物基础和桩顶之间设置一定厚度的褥垫层保证桩、土共同承担荷载，使桩、桩间土和褥垫层一起构成复合地基。

CFG桩复合地基是中国建筑科学研究院地基所研发的地基处理技术。CFG桩与混凝土桩的区别仅在于桩体材料的构成不同，而在其受力和变形特性方面没有什么区别。因此CFG桩复合地基的性状和设计计算理论，对混凝土灌注桩、预制桩等刚性桩复合地基均适用。必须指出，褥垫层是刚性桩复合地基的重要组成部分，是保证桩、桩间土共同承担荷载的必要条件。

由于CFG桩和桩间土在褥垫层的调节下能够共同工作，并且CFG桩在满足桩身强度等级条件下能够充分发挥桩的侧阻力和端阻力，从而保证了地基处理后CFG桩复合地基承载力能有较大幅度的提高，从目前应用情况来看，承载力特征值最高已达到650kPa；采用CFG桩复合地基处理的建筑物还具有地基模量高，提高幅度大，变形量小的特点，在北京地区20～30层的高层住宅楼，其绝对沉降量可控制在50～80mm以内。

根据工程地质条件不同，CFG桩一般可采用长螺旋钻孔管内泵压灌注成桩工艺和振动沉管灌注成桩工艺。CFG桩的主要施工工艺是长螺旋钻孔管内泵压灌注成桩，属排土成桩工艺。该工艺具有穿透能力强，无泥浆污染、无振动、低噪声、适用地质条件广、施工效率高及质量容易控制等特点。对地基土是松散的饱和粉细砂、粉土，以消除液化和提高地基承载力为目的，可选择振动沉管成桩施工工艺。但该工艺存在难以穿透较厚的硬土层、砂层和卵石层，在饱和黏性土中成桩会造成地表隆起并挤断已成桩，存在振动噪声污染及扰民等缺点。

CFG桩和其他桩型组合或两种长度的CFG桩组合可形成多桩型复合地基，如采用CFG桩和碎石桩组合处理地基存在液化且承载力不足的问题，当建筑物地基存在深度不同的两个持力层，可采用长度不同的两种CFG桩形成长短桩复合地基。

CFG桩复合地基技术可以发挥桩体材料的潜力，又可充分利用天然地基承载力，并能因地制宜，利用当地材料，使该技术在全国大部分省、市、自治区推广应用，取得良好的经济效益和社会效益。

目前CFG桩复合地基也应用于路桥等柔性基础，但由于CFG桩复合地基承载性能受基础刚度影响很大，柔性基础下承载性能及桩土荷载分担比例宜通过试验确定。

（二）技术要点

CFG桩复合地基适用于处理黏性土、粉土、砂土和自重固结完成的素填土等地基，对淤泥质土应按地区经验或通过现场试验确定其适用性。采用CFG桩复合地基对建筑物进行地基处理设计时，除满足复合地基承载力和变形条件外，还要考虑以下诸多因素进行综合分析，确定设计参数。

1.地基处理目的

设计时必须明确地基处理是为了解决地基承载力问题、变形问题还是液化问题，解决问题的目的不同，采用的工艺、设计方法、布桩形式均不同。

2.建筑物结构布置及荷载传递

目前，CFG桩应用于高层建筑的工程越来越多，地基处理设计时要考虑建筑物结构布置及荷载传递特性。如建筑物是单体还是群体，体型是简单还是复杂，结构布置是均匀还是存在偏心荷载，主体建筑物是否带有裙房或地下车库，建筑物是否存在转换层或地下大空间结构，建筑物通过墙、柱和核心筒传到基础的荷载扩散到基底的范围及均匀性等。总之，在设计时必须认真分析结构传递荷载的特点以及建筑物对变形的适应能力，做到合理布桩，地基处理方可达到预期目的，保证建筑物的安全。

3.场地土质变化

场地土质的变化与复合地基施工工艺的选择和设计参数的确定有着密切的关系，因此在设计时需认真阅读勘察报告，仔细分析场地土质特点。不仅要阅读综合统计指标，而且要阅读每个孔点的试验指标。通过对场地土质的了解，对荷载情况、地基处理要求等综合分析，考虑采用何种布桩形式。工程中，CFG桩采用的布桩形式有等桩长布桩、不等桩长布桩、长短桩间作布桩以及与其他桩型联合使用布桩等。需要特别说明的是，有时由于勘察选点距离较大或其他因素，造成勘察报告不能完全反映实际情况，如基底局部存在与勘察报告不符的软弱土层、基底持力土层承载力提供与实际不符等情况。因此，在CFG桩施工前，设计人员应对基底土有一个全面的了解，必要时可及时调整设计。

4.施工设备和施工工艺

复合地基设计时需考虑采用何种设备和工艺进行施工，选用的设备穿透土层能力和最大施工桩长能否满足要求，施工时对桩间土和已打桩是否会造成不良影响。

5.场地周围环境

场地周围环境情况是设计时确定施工工艺的一个重要因素。当场地离居民区较近，或场地周围有精密设备仪器的车间和试验室以及对振动比较敏感的管线，不宜选择振动成桩工艺，而应选择无振动低噪声的施工工艺，如长螺旋钻管内泵压CFG桩工法。若场地位于空旷地区，且地基土主要为松散的粉细砂或填土，选用振动沉管打桩机施工显然是适宜的。

第三节　结构工程

21世纪的建筑技术正趋于一种综合化的方向发展，然后慢慢地形成了一套健全科学的建筑体系，利用最尖端的科技研究成果，再加上建筑设备与建筑结构等各方面的因素相互制约、相互促进，使得建筑产业技术更快地发展。

一、高层/超高层混凝土结构施工技术

钢筋混凝土结构是一种传统的建筑结构形式，以其结构整体性好、抗震性能较强、用钢量少、防火性能好和造价较低等优点在国内得到了很大发展，成为我国建筑中应用最为广泛的结构形式，尤其是大量应用于高层建筑中的框架—剪力墙结构、剪力墙结构。

（一）成果概述

近年来高层/超高层建筑大量涌现，为了适应时代发展的要求，传统的混凝土结构在建筑材料、机械设备、施工工艺、施工技术等方面都取得了新的发展。

1.混凝土施工技术

在混凝土材料方面，由于高层/超高层建筑体型大、高度高、设计使用年限长，对混凝土的强度、耐久性等要求提高，高强高性能、轻质、自密实混凝土越来越多地应用于高层/超高层建筑中。目前，在我国高层/超高层混凝土结构中，C40～C60级混凝土应用已较为普遍，C80级及以上的高强高性能混凝土已开始应用，少数超高层建筑也在探索应用C100级高强高性能混凝土及自密实混凝土（如广州珠江新城西塔）。采用高强高性能混凝土可以减少

构件截面尺寸，增加有效使用空间，降低自重，节省材料费用，获得较大的经济效益，对节能、工程质量，工程经济、环境与劳动保护等方面都具有重大的意义。可以预期，高性能混凝土在工程上的应用领域将继续扩大，并取得更大的技术经济效益。

另外，高强混凝土的流动性不佳，使得泵送难度加大，促进了泵送混凝土技术的进步。为保证浇筑质量，不仅要求泵送混凝土具有恰当的配合比，还必须使用相当数量的混凝土泵机和布料机。国内的高泵程混凝土主要采用了掺粉煤灰和化学外加剂的"双掺技术"，它综合反映了混凝土外加剂技术、掺和料技术、配合比设计技术、泵送设备、泵管布置铺设技术和泵车操作技术，使混凝土泵送高度纪录一次又一次被打破。

2.垂直运输

高层建筑施工期间垂直运输的特点是行程高、运输量大、运流密集、组织指挥工作繁重、劳动安全防护问题突出。因此，合理选择、配备垂直运输机械是保证高层建筑施工顺利进行，并取得良好经济效益的必要条件之一。常用的运输机械有塔式起重机、井架式起重机、垂直运输塔架、混凝土输送泵、混凝土布料杆、施工电梯等。20世纪90年代前，常选用塔式起重机+施工电梯+井架式起重机的配备模式。随着预拌混凝土的推广应用和混凝土泵送技术的发展，目前，我国高层建筑施工垂直运输的配备主要为塔式起重机+施工电梯+混凝土输送泵的模式。其特点是可一次性连续完成混凝土的垂直和水平运输。通常还配备布料杆，将混凝土定点、定位、定量地输送到位，同时还应根据工程的特点，选择上回转自升塔式起重机或内爬塔式起重机。

3.模板工程

模板工程一般约占钢筋混凝土结构总造价的25%，但劳动量却占到35%，工期占到50%～60%，对加快施工速度、保证施工质量和降低施工成本具有较大的影响。高层建筑从以前的木模板、竹胶板模板、组合小钢模发展到钢（铝）框胶合板模板、塑料模板、玻璃钢模板等新型模板，并形成大模板、爬升模板和滑升模板的成套工艺。大模板工艺在剪力墙结构和筒体结构中广泛应用，已形成"全现浇""内浇外挂""内浇外砌"成套工艺，且已向大开间建筑方向发展。爬升模板首先用于上海，工艺已成熟，不但用于浇筑外墙，亦可内、外墙借用爬升模板浇筑，在提升设备方面已有手动、液压和电动提升设备，有带爬架的，也有无爬架的，尤其与升降脚手架结合应用，优点更为显著。滑模工艺亦有很大提高，可施工高耸结构、剪力墙或筒体结构的高层建筑，亦可施工框架结构和一些特种结构。

为满足高层建筑特定的建筑要求，如圆形柱、曲面阳台、弧形墙等构件，可采用定型钢模板，局部加工定制玻璃钢模板、塑料模板等，电梯井道内可用可组合式铰接筒模，大跨度或预应力结构还可采用早拆技术体系，以减少模板的投入量。模板支撑系统的施工技术也日趋成熟。转换层的厚板、深梁采用组合钢管柱、型钢桁架梁和格构柱，并采取分层卸荷、逐层传递等措施。目前3m以上的厚板结构转换层和6m高的深梁都能够不再采用分层浇筑而实现一次浇筑成型，100m以上的临空面、数十米的悬挑结构也都无须搭设满堂式脚手架支撑。

高层/超高层建筑越来越追求造型美观、内部大空间和使用功能的多样性，使结构形式越来越复杂多样，常常需要采用转换层来完成上、下层建筑物结构的转换和荷载的传递。转换层是高层建筑结构中的重要部位，从以往工程的实践经验来看，转换层施工质量的好坏直接关系到整个工程质量品质，且其工程造价也相当可观。对于混凝土结构的高层/超高层建筑来说，混凝土自身的特点决定了转换层结构的体量、自重都很大。转换层配筋较密集，混凝土浇筑量较大，又因施工位置较高，施工难度非常大，因此，混凝土转换层结构施工是高层/超高层混凝土结构建筑的一个施工难点，要进行严格控制。

（二）混凝土结构转换层施工工艺流程

该工程混凝土转换层技术施工的关键是构建交叉处的钢筋、模板和混凝土的施工方法。

二、超高混凝土泵送技术

（一）超高泵送混凝土定义

超高泵送混凝土技术一般是指泵送高度超过200m的现代混凝土泵送技术，近年来，随着经济和社会发展，泵送高度超过300m的建筑工程越来越多，因而超高泵送混凝土技术已成为超高层建筑施工中的关键技术之一。超高泵送混凝土技术是一项综合技术，包含混凝土制备技术、泵送参数计算、泵送机械选定与调试、泵管布设和过程控制等内容。

（二）主要技术内容

混凝土制备与性能要求

1.原材料的选择

（1）水泥

水泥的矿物组成对混凝土施工性能影响较大，最理想的情况是C_2S的含量高（40%~70%）、C_3A含量低。对比国内外有关资料，高流动性混凝土所用水泥的C_2S的含量是我国普通水泥的一倍，但在我国没有水泥厂专门生产这种水泥，只有从市场上现有的品牌中选择出性能相对良好的水泥。

（2）粉煤灰

对比试验发现，不同产地、不同种类的1级粉煤灰对混凝土拌和物性能的影响有较大差异，比如C类较F类对黏度控制有利，但应控制其最大掺量。

（3）砂石

常规泵送作业要求最大骨料粒径与管径之比不大于1∶3；但在超高层泵送中因管道内压力大易出现分层离析现象，此比例宜小于1∶5，且应控制粗骨料的针片状含量。

（4）外加剂

选用减水率较高、保塑时间较长的聚羧酸系。同时，适当调整外加剂中引气剂的比例，以提高混凝土的含气量，进一步改善混凝土在较大坍落度情况下有较好的黏聚性和黏度。

另外，选择较好的石灰石微粉进行对比试验，因其产量问题暂不作为生产施工的原材料。石灰石微粉是以碳酸钙为主要成分的惰性材料。细骨料粒径分布状况是影响混凝土泵送的重要因素。针对骨料的分析结果加入一定量的石灰石微粉，可降低混凝土的黏性，有助于增加流动性和泵送性能，可降低泌水率，降低结构填充过程中所形成的孔隙量。

2.混凝土的制备

首先进行水泥与外加剂的适应性试验，确定水泥和外加剂品种→根据混凝土的合理性和强度等指标选择确定优质矿物掺和料→寻找最佳掺和料双掺比例，最大限度地发挥掺和料的"叠加效应"→根据混凝土性能指标和成本控制指标等确定掺和料的最佳替代掺量→通过调整外加剂性能、砂率、粉体含量等措施，进一步降低混凝土和易性尤其是黏度的经时变化率→确定满足技术指标要求的一组或几组配合比，确定为试验室最佳配合比→根据现场实际泵送高度变化（混凝土性能泵送损失）情况，采用不同的配合比进行生产施工。

砂率对混凝土泵送也有一定影响。当混凝土拌和物通过非直管或软管时，粗骨料颗粒间相对位置将产生变化。此时，若砂浆量不足，则拌和物变形不够，便会产生堵塞现象。若砂率过大，混凝土的总表面积和孔隙率都增大，拌和物显得干稠，流动性较小。因此，合理的砂率值主要根据混合物的坍落度及黏聚性、保水性等特性来确定（此时，黏聚性及保水性良好，坍落度最大）。单位用水量对高强度等级混凝土的黏度影响较大。采用V形漏斗试验对黏度进行检测时发现，在扩展度同样达到（600±20）mm的条件下，如采用低用水量与高掺量泵送剂匹配，V形漏斗通过时间就增加；相反高用水量，低掺量泵送剂配伍，通过时间就缩短。因此，对于同一通过时间，用水量与泵送剂掺量的组合是多个的。综合考虑用水量对强度、压力泌水率和拌和物稳定性等因素的影响，确定最大用水量后再通过调整外加剂组成、掺量等，配制出经时损失满足要求的混凝土。

3.泵送设备的选择和泵管的布设

混凝土的泵送距离受许多因素影响有泵的功率、泵管的尺寸与布置、均匀流动所需克服的阻力、泵送的速率和混凝土特性。泵必须提供足够的力量以克服混凝土和管内壁之间的摩擦力。管道弯曲或管径缩小会明显增加摩擦阻力。当混凝土垂直泵送时，还需克服重力，需要大约23kPa/m的升力。设备的泵送能力是关键因素之一，其能力应有一定的储备，以保证输送顺利，避免堵管。此外，两套独立的泵和管道系统也是顺利施工强有力的保障。在管道布置时，应根据混凝土的浇筑方案设置并少用弯管和软管，尽可能缩短管道长度。超高层泵送所用的管道应为耐超高压管道。在泵送过程中，管道内压力最大可达到22MPa，甚至更高，纵向将产生27t的拉力，必须采用耐超高压的管道系统。而且，在连接与密封方式上也要采取与常规方法不同的措施：采用强度级别高的螺杆进行管道连接；带骨架的超高压混凝土密封圈能防止水泥浆在22MPa的高压下从管道间隙中挤出；同时，也应注意输送管管径对泵送施工的影响，管径越小则输送阻力越大，但管径过大其抗爆能力变差，而且混凝土在管道内流速变慢、停留时间过长，影响混凝土的性能。

4.泵送施工的过程控制

在施工过程中需注意的是：应先采用合适的砂浆或水泥浆对泵送管道进行充分润滑，确保管壁之间有一层砂浆或水泥浆分开。具体操作时，先泵送润泵水，然后泵送一斗水泥浆，再泵送一斗浓度高一些的水泥浆，最后放入同配合比砂浆进行泵送。而且，要保证混凝土供应的连续性。同时，因混凝土泵送压力较大，一定要做好泵管壁厚的定期检查和泵送过程中的安全管理工作。在泵送施工过程中，按照泵送高度的变化，掌握相应的坍落度与扩展度泵送损失的具体数据，并根据实际泵送过程中出现的情况采取相应的措施进行调整，确保超高层高强混凝土保质按期顺利浇筑施工。

（三）技术指标

1.混凝土拌和物的工作性良好，无离析泌水，坍落度一般在180～200mm，泵送高度超过300m的，坍落度宜＞240mm，扩展度＞600mm，倒锥法混凝土下落时间＜15s。

2.硬化混凝土物理力学性能符合设计要求。

3.混凝土的输送排量、输送压力和泵管的布设要依据准确的计算，制订详细的实施方案，并进行模拟高程泵送试验。

（四）适用范围

超高泵送混凝土适用于泵送高度大于200m的各种超高层建筑。

三、混凝土裂缝控制技术

（一）基本原理

常见的裂缝种类及原因如下。

1.收缩裂缝

常说的收缩裂缝，实际包含凝缩裂缝和冷缩裂缝。

所谓凝缩裂缝，是指混凝土在结硬过程中因体积收缩而引起的裂缝。通常，它在浇筑混凝土2～3个月后出现，且与构件内的配筋情况有关。当钢筋的间距较大时，钢筋周围混凝土的收缩因较多地受钢筋约束，收缩较小，而远离钢筋的混凝土的收缩自由，收缩较大，从而产生裂缝。

冷缩裂缝是指构件因受气温降低而收缩，且在构件两端受到强有力约束而引起的裂缝，一般只有在气温低于0℃时才会出现。

2.干缩裂缝

干缩裂缝（又称龟裂）发生在混凝土结硬前的最初几小时内。裂缝呈不规则状，纵横交错。裂缝的宽度较小，大多为0.05～0.15mm。干缩裂缝是因混凝土浇捣时，多余水分的蒸发使混凝土体积缩小所致。影响干缩裂缝的主要原因是混凝土表面的干燥速度。当水分蒸发速度超过泌水速度时，就会产生这种裂缝。与收缩裂缝不同的是，干缩裂缝与混凝土内的配筋情况以及构件两端的约束条件无关。干缩裂缝常出现在大体积混凝土的表面和板类构件以及较薄的梁中。

3.沉缩裂缝

沉缩裂缝是指混凝土结硬前没有沉实或沉实能力不足而产生的裂缝。新浇混凝土由于重力作用，较重的固体颗粒下沉，迫使较轻的水分上移，即所谓"泌水"。由于固体颗粒受到钢筋的支撑，钢筋两侧的混凝土下沉变形相对于其他变形就较小，形成了钢筋长度方向的纵向裂缝，裂缝深度一般至钢筋顶面。

4.温度裂缝

温度裂缝有表面温度裂缝和贯穿温度裂缝两种。

（1）表面温度裂缝是因水泥的水化热而产生的，多发生在大体积混凝土中。

（2）大多数贯穿温度裂缝是由于结构降温较大，其收缩受到外界的约束而引起的。

5.张拉裂缝

张拉裂缝是指在预应力张拉过程中，由于反拱过大，端部的局部承载力不足等原因引起的裂缝。

6.施工裂缝

施工过程常会引起裂缝。例如，当浇捣混凝土的模板较干时，模板吸收混凝土中的水分而膨胀，使初凝的混凝土拉裂；又如，在构件翻身、起吊、运输、堆放过程中引起的施工裂缝。此外，混凝土拌制时加水过多，或养护不当，也会引起裂缝。

7.膨胀裂缝

膨胀裂缝包括沿筋裂缝和碱—骨料反应裂缝。

沿筋裂缝：钢筋锈蚀常导致沿筋裂缝的出现。

碱—骨料反应裂缝：当混凝土中同时具备活性骨料（如蛋白石、鳞石英、方石英等）、含碱量过高的水泥、足量水分三个条件时，水泥中的碱性成分会和这些骨料引起化学反应，生成硅酸钠。硅酸钠遇水膨胀，致使混凝土中产生拉应力而引起裂缝，这种反应通常在混凝土长期使用过程中发生，严重时可导致重大工程事故。

（二）主要技术内容及特点

混凝土裂缝控制与结构设计、材料选择、施工工艺等多个环节相关，其中选择抗裂性较好的混凝土是控制裂缝的重要途径。

1.原材料要求

（1）必须采用符合国家现行标准规定的普通硅酸盐水泥或硅酸盐水泥，水泥比表面积宜小于350m²/kg；水泥碱含量应小于0.6%。水泥中不得掺加窑灰。水泥的进场温度不宜高于60℃；不应使用温度高于60℃的水泥拌制混凝土。

（2）应采用二级或多级配粗骨料，粗骨料的堆积密度宜大于1500kg/m³，紧密密度的空隙率宜小于40%。骨料不宜直接露天堆放、暴晒，宜分级堆放，堆场上方宜设罩棚。高温季节，骨料使用温度不宜高于28℃。

（3）应采用聚羧酸系高性能减水剂，并根据不同季节、不同施工工艺分别选用标准型、缓凝型或防冻型产品。高性能减水剂引入混凝土中的碱含量（以$Na_2O+0.658K_2O$计）应小于0.3kg/m³；引入混凝土中的氯离子含量应小于0.02kg/m³；引入混凝土中的硫酸盐含量（以Na_2SO_4计）应小于0.2kg/m³。

（4）采用的粉煤灰矿物掺和料，应符合现行国家标准《用于水泥和混凝土中的粉煤灰》（GB/T1596-2017）的规定。粉煤灰的级别不应低于Ⅱ级，且粉煤灰的需水量比应不大于100%，烧失量应小于5%。严禁采用C类粉煤灰和Ⅱ级以下级别的粉煤灰。

（5）采用的矿渣粉矿物掺和料，应符合《用于水泥和混凝土中的粒化高炉矿渣粉》（GB/T18046-2008）的规定。矿渣粉的比表面积应小于450m²/kg，流动度比应大于95%，28d活性指数不宜小于95%。

2.配合比要求

（1）混凝土配合比应根据原材料品质、混凝土强度等级、混凝土耐久性以及施工工艺对工作性的要求，通过计算、适配、调整等步骤选定。

（2）混凝土最小胶凝材料用量不应低于300kg/m³，其中最低水泥用量不应低于220kg/m²。配制防水混凝土时最低水泥用量不宜低于260kg/m³。混凝土最大水胶比不应大于0.45。

（3）单独采用粉煤灰作为掺和料时，硅酸盐水泥混凝土中粉煤灰掺量不应超过胶凝材料总量的35%，普通硅酸盐水泥混凝土中粉煤灰掺量不应超过胶凝材料总量的30%。预应力混凝土中粉煤灰掺量不得超过胶凝材料总量的25%。

（4）采用矿渣粉作为掺和料时，应采用矿渣粉和粉煤灰复合技术。混凝土中掺和料总量不应超过胶凝材料总量的50%，矿渣粉掺量不得大于掺和料总量的50%。

（5）配制的混凝土除满足抗压强度、抗渗等级等常规设计指标外，还应考虑满足抗裂性指标要求。有条件时，使用温度—应力试验机进行抗裂混凝土配合比的优选。

3.施工要求

（1）大体积混凝土施工前，应对施工阶段混凝土浇筑体的温度、温度应力及收缩应力进行试算，确定施工阶段混凝土浇筑体的温升峰值，里表温差及降温速率的控制指标，制定相应的温控技术措施。

一般情况下，温控指标宜不大于下列数值：

混凝土浇筑体在入模温度基础上的温升值为40℃；混凝土浇筑体的里表温差（不含混凝土收缩的当量温度）为25℃；混凝土浇筑体的降温速率为2.0℃/d；混凝土浇筑体表面与大气温差为20℃。

（2）超长大体积混凝土施工，应按设计要求留置变形缝，当设计无规定时，宜采用下列方法：

后浇带施工：后浇带的设置和施工应符合现行国家有关规范的规定；跳仓法施工：底板分段长度不宜大于40m，侧墙和顶板分段长度不宜大于16m。跳仓间隔施工的时间不宜小于7d，跳仓接缝处按施工缝的要求设置和处理。

（3）在高温季节浇筑混凝土时，混凝土入模温度应小于30℃，应避免模板和新浇筑的混凝土直接受阳光照射。混凝土入模前模板和钢筋的温度以及附近的局部气温均不应超过40℃。混凝土成型后应及时覆盖，并应尽可能避开炎热的白天浇筑混凝土。

（4）在相对湿度较小、风速较大的环境下浇筑混凝土时，应采取适当挡风措施，防止混凝土失水过快，此时应避免浇筑有较大暴露面积的构件。雨季施工时，必须有防雨措施。

（5）混凝土养护期间应注意采取保温措施，防止混凝土表面温度受环境因素影响（如暴晒、气温骤降等）而发生剧烈变化。养护期间混凝土浇筑体的里表温差不宜超过25℃、混凝土浇筑体表面与大气温差不宜超过20℃。大体积混凝土施工前应制订严格的养护方案，控制混凝土内外温差满足设计要求。

（6）混凝土的拆模时间除需考虑拆模时的混凝土强度外，还应考虑拆模时的混凝土温度不能过高，以免混凝土接触空气时降温过快而开裂，更不能在此时浇筑凉水养护。混凝土内部开始降温以前以及混凝土内部温度最高时不得拆模。

一般情况下，结构或构件混凝土的里表温差大于25℃、混凝土表面与大气温差大于20℃时不宜拆模。大风或气温急剧变化时不宜拆模。在炎热和大风干燥季节，应采取逐段拆模、边拆边盖的拆模工艺。

四、自密实混凝土技术

（一）自密实混凝土的定义

自密实混凝土这一概念最早由日本学者冈村于1986年提出。随后，东京大学的小泽和前川开展了自密实混凝土的研究。1988年，自密实混凝土第一次使用市售原材料研制成功，获得了满意的性能，包括适当的水化放热、良好的密实性以及其他性能。

自密实混凝土（Self Compacting Concrete，简称SCC），指混凝土拌和物不需要振捣仅依靠自重即能充满模板、包裹钢筋并能够保持不离析和均匀性，达到充分密实和获得最佳性能的混凝土，属于高性能混凝土的一种。

（二）自密实混凝土技术的内容及特点

自密实混凝土技术主要包括自密实混凝土流动性、填充性保塑性控制技术；自密实混凝土配合比设计；自密实混凝土收缩。

1.自密实混凝土流动性、填充性保塑性控制技术

因自密实混凝土工作性能与普通混凝土存在很大差异，如何正确、有效地评价自密实混凝土的工作性能，是研究和配制自密实混凝土的关键。随着

自密实混凝土工程应用领域的不断拓展，国内外对自密实混凝土拌和物工作性能进行了广泛的研究，并提出许多关于混凝土工作性能的测试方法及其评价指标等。

2.自密实混凝土配合比设计

（1）混凝土配合比设计方法

自密实混凝土自身的特点，使得原来的普通混凝土配合比设计方法和原则已不再适用。自密实混凝土配合比与普通混凝土配合比差别很大，至今未形成统一的设计计算方法。

混凝土是由水、胶凝材料和粗细骨料等多种材料组成的混合物，各材料间相互影响相互制约，配合比计算自然需要涉及其中某些比例关系。这些参数的取值有的需要根据经验或实际要求预先设定，有的则需要经过试验或其他规则具体确定。例如，普通混凝土配合比设计需要合理确定水灰比、单位用水量和砂率的取值，其中水灰比根据水灰比定则按强度要求计算，而另外两个参数需要查表确定，这些表便是人们长期配制普通混凝土的经验总结。"逆填配比设计法"首先按"最大堆积密度原则"通过试验确定粗细骨料和粉煤灰之间的比例关系和固态材料最密实堆积时的最小空隙，然后设定浆体的富余系数从而确定水泥浆的体积。在这里，骨料和粉煤灰的用量比例由试验确定，水灰比仍按经验或以往的水灰比定则确定，新的"浆体富余系数"的概念也是根据对拌和物流动性要求预先设定它的取值。"全计算法"尽管给出了混凝土单位体积用水量和砂率的计算公式，但仍需预先设定浆骨比和干砂浆的体积，水灰比还是按混凝土强度要求确定。"基于最佳浆骨比法"也无外乎通过试配确定砂率和浆骨比的合理取值，水灰比仍按水灰比定则计算确定。"固定砂石体积含量法"更是将单位粗骨料用量、砂浆中砂的体积含量和水胶比这三个参数的取值全部预先设定，再按绝对体积法联立方程求解各材料的体积用量。"简易计算法"则提出密实因数的概念来规定单位体积混凝土中骨料的用量比例，砂率和水灰比仍按经验确定。

（2）配合比设计时，以下几点应予注意：

①单位体积用水量宜为155～180kg；

②水粉比根据粉体的种类和掺量有所不同，按体积比宜取0.8~1.15；

③根据单位体积用水量和水粉比计算得到单位体积粉体量。单位体积粉体量宜为0.16~0.23；

④自密实混凝土单位体积浆体量宜为0.32~0.4。

3.自密实混凝土收缩

（1）试验依据

试验用于测定混凝土试件在规定的温湿度条件下，不受外力作用所引起的长度变化。参照规范《普通混凝土长期性能和耐久性能试验方法标准》（GB/T50082-2009）试件尺寸采用100mm×100mm×400mm的棱柱体标准试件。试件两端预埋不锈钢侧头。混凝土在试验初期尤其是拆模后的24小时内自由收缩速度最快，这就要求收缩试验试件在拆模以后应迅速完成自由收缩试验的安装工作，以免造成试验误差。

（2）试验步骤

①在钢模中铺塑料薄膜，浇筑自密实轻骨料混凝土试件，试件带模放入温度为20±3℃，湿度为90%以上的标准养护室养护；

②4h后安装温度计；

③24h后拆模移入温度保持在20±2℃，相对湿度保持在60±5%的恒温恒湿收缩室。拆模后将预留的塑料薄膜包裹混凝土试件，保证混凝土的水分不流失；

④安装千分表，注意使千分表的测头与预留混凝土测头在同一直线上，并保证千分表表头的压缩距离大于预期估计的混凝土试件最大收缩变形量；

⑤记录此时的时间、温度和千分表数值作为混凝土自由收缩的初始值，然后开始收缩测量。由于高性能自密实混凝土的收缩在浇筑后的前几天发展得特别快，所以在开始测量后的前24小时，应每两个小时记录一次千分表读数；在开始测量后的2至7天，可以每3小时记录一次；以后根据实际情况确定具体的记录时间。整个试验过程中，尽量避免收缩装置受到扰动、收缩室温度和湿度出现大的波动。自由收缩试验持续到拆模后的230天（5520小时）结束。

五、预制混凝土装配整体式结构施工技术

（一）基本原理与定义（或概念）

建筑工业化是指采用大工业生产的方式建造工业和民用建筑。它是建筑业从分散、落后的手工业生产方式逐步过渡到以现代技术为基础的大工业生产方式的全过程，是建筑业生产方式的变革。建筑工业化的基本内容和发展方向可概括为以下几点。

建筑标准化：这是建筑工业化的前提，它要求设计标准化与多样化相结合，构配件设计要在标准化的基础上做到系列化、通用化。

施工机械化：这是建筑工业化的核心，即实行机械化、半机械化和改良工具相结合，有计划有步骤地提高施工机械化水平。

构配件生产工厂化：采用装配式结构，预先在工厂生产出各种构配件运到工地进行装配；混凝土构配件实行工厂预制、现场预制和工具式钢模板现浇相结合，发展构配件生产专业化、商品化，有计划有步骤地提高预制装配程度；在建筑材料方面，积极发展经济适用的新型材料，重视就地取材，利用工业废料，节约能源，降低费用。

组织管理科学化：运用计算机等信息化手段，从设计、制作到施工现场安装，全过程实行科学化组织管理，这是建筑工业化的重要保证。

（二）主要技术内容及特点

1.预制预应力混凝土装配整体式框架结构体系技术，是采用现浇或预制钢筋混凝土柱，预制预应力混凝土梁、板，通过钢筋混凝土后浇部分将梁、板、柱及节点连成整体的新型框架结构体系。该体系主要有三种形式：

（1）采用预制柱、预制预应力混凝土叠合梁、板的全装配框架结构；

（2）采用现浇柱、预制预应力混凝土叠合梁、板的半装配框架结构；

（3）采用预制预应力混凝土叠合板。

2.应用预制预应力混凝土装配整体式框架结构体系新技术，与一般常规框架结构相比，具有以下特点。

（1）采用预应力高强钢筋及高强混凝土，梁、板截面减小，梁高可降低

为跨度的1/15，板厚可降低为跨度的1/40，建筑物的自重减轻，且梁、板含钢量也可降低约30%，与现浇结构相比，建筑物的造价可降低10%以上。

（2）预制板采用预应力技术，楼板抗裂性能大大提高，克服了现浇楼板容易出现裂缝的质量通病。而且预制梁、板均在工厂机械化生产，产品质量更易得到控制，构件外观质量好，耐久性好。

（3）梁、板现场施工均不需模板，板下支撑立杆间距可加大到2.0～2.5m，与现浇结构相比，周转材料总量节约可达80%。

（4）梁、板构件均在工厂内事先生产，施工现场直接安装，既方便又快捷，工期可节约30%以上。

（5）梁、板均不需粉刷，减少施工现场的作业量，有利于环境保护，减轻噪声污染，现场施工更加文明。

（6）与普通预制构件相比，预制板尺寸不受模数的限制，可按设计要求随意分割，灵活性大，适用性强。

（三）技术指标与技术措施（可含设计内容）

1.预制预应力混凝土装配整体式框架应按装配整体式框架各杆件在永久荷载、可变荷载、风荷载、地震作用下最不利的组合内力进行截面计算，并配置钢筋，应分别考虑施工阶段和使用阶段两种情况，取较大值进行配筋。

2.叠合梁、板的设计应符合现行国家标准《混凝土结构设计规范》（GB50010-2022）的有关规定。

3.预制预应力混凝土装配整体式框架——剪力墙结构中的剪力墙的设计应符合现行国家标准《混凝土结构设计规范》（GB50010-2022）、《建筑抗震设计规范》（GB50011-2022）的有关规定。

六、清水混凝土模板技术

（一）技术特点

清水混凝土工程是直接利用混凝土成型后的自然质感作为饰面效果的混凝土工程，《清水混凝土应用技术规程》（JGJ169-2009）规定，清水混凝土工程分为普通清水混凝土、饰面清水混凝土和装饰清水混凝土。根据不同的清水混凝土饰面及质量要求，清水混凝土模板选择也不一样：普通清水混凝土可以选择钢模板，饰面清水混凝土可以选择木胶合板面板的模板，装饰清水混凝土可以选择聚氨酯做内衬图案的模板。

在清水混凝土模板设计前，应先根据建筑师的要求对清水混凝土工程进行全面深化设计，设计出清水混凝土外观效果图，在效果图中应明确明缝、蝉缝、螺栓孔眼、假眼、装饰图案等位置。然后根据效果图的效果设计模板，模板设计应根据设置合理、均匀对称、长宽比例协调的原则，确定模板分块、面板分割尺寸。

明缝：是凹入混凝土表面的分格线或装饰线，是清水混凝土表面重要的装饰效果之一。明缝一般利用施工缝形成，也可以依据装饰效果要求设置在模板周边、面板中间等部位。

蝉缝：是有规则的模板拼缝在混凝土表面上留下的痕迹。设计整齐匀称的蝉缝是清水混凝土表面的装饰效果之一。

螺栓孔眼：是按照清水混凝土工程设计要求，利用模板工程中的对拉螺栓，在混凝土表面形成有规则排列的孔眼，是清水混凝土表面重要的装饰效果之一。

假眼：是为了统一螺栓孔眼的装饰效果，在模板工程中，对没有对拉螺栓的位置设置堵头，并形成的孔眼。其外观尺寸要求与其他螺栓孔眼一致。

装饰图案：是利用带图案的聚氨酯内衬模作为模具，在混凝土表面形成特殊的装饰图案效果。

（二）主要技术内容

1.普通清水混凝土模板

普通清水混凝土由于对饰面和质量要求较低，可以选择钢模板，钢模板要具有足够的强度、刚度和稳定性，且模板必须经过设计和验算；为保证模板拼缝严密、尺寸准确，要求面板板边必须铣边。

2.饰面清水混凝土模板

（1）模板体系组成：面板、竖肋、背楞、边框、斜撑、挑架

面板采用优质木胶合板，竖肋采用"几"字形材，背楞采用双槽钢，边框采用空腹冷弯薄壁型钢。面板采用自攻螺钉从背面与竖肋固定，竖肋与背楞通过U形卡扣（或钩头螺栓）连接，相邻模板间连接采用夹具。面板上的穿墙孔眼采用护孔套保护。

（2）模板体系的特点与优点

①模板间的连接采用夹具，连接紧固、方便快捷，极大地提高了工效，同时彻底地防止了接缝处的错台和漏浆现象。

②模板背楞与竖肋之间采用U形卡扣（或钩头螺栓）连接，连接紧固、拆装方便，易于周转与维修。

③面板与竖肋的背面连接，能有效保证清水混凝土墙面的饰面效果，而不留下任何其他痕迹。

④对面板裁切边的防水处理和穿墙孔眼的护孔套保护，能有效提高模板的周转使用率，合理降低成本。

⑤穿墙套管和套管堵头的配合使用，满足模板受力要求的同时，也满足了螺栓孔眼装饰效果的要求。

（3）模板体系加工要求

①模板面板要求板材强度高、韧性好，加工性能好且具有足够的刚度。

②模板表面覆膜要求强度高、耐磨性好、耐久性高，物理化学性能均匀稳定，表面平整光滑、无污染、无破损、清洁干净。

③模板竖肋要求顺直、规格一致，具有足够的刚度，并紧贴面板，同时满足自攻螺钉从背面固定的要求。

④螺栓孔眼的布置必须满足饰面装饰要求，最小直径需满足墙体受力要求。

⑤面板布置必须满足设计师对明缝、蝉缝及对拉螺栓孔位的分布要求，更好地体现设计师的意图。

⑥模板加工制作时，下料尺寸应准确，料口应平整。

⑦模板组拼焊接应在专用胎具和操作平台上进行，采用合理的焊接、组装顺序和方法。

⑧阴角模面板采用斜口连接或平口连接。斜口连接时，角模面板的两端切口倒角应略小于45°，切口处涂防水胶黏结；平口连接时，连接端应刨平并涂刷防水胶黏结。

⑨木胶合板拼缝宽度应不大于1.5mm，为防止面板拼缝位置漏浆，模板接缝处背面切85°坡口，并注满密封胶。

⑩模板应采用自攻螺钉从背面固定，螺钉进入面板需要保证一定的深度，螺钉间距控制在150~300mm之间，以便面板与竖肋有效连接。

⑪螺栓孔布置必须按设计的效果图进行，对无法设置对拉螺栓，而又必须有对拉螺栓孔效果的部位，需要设置假眼，假眼采用同直径的堵头和同直径的螺杆固定。

（4）清水混凝土模板施工

①模板安装前准备：核对清水混凝土模板的数量与编号，复核模板控制线；检查装饰条、内衬模的稳固性，确保隔离剂涂刷均匀。

②模板吊运：吊装模板时必须有专人指挥，模板起吊应平稳，吊装过程中，必须慢起轻放，严禁碰撞；入模和出模过程中，必须采用牵引措施，以保护面板。

③模板安装：根据模板编号进行模板安装，并保证明缝和蝉缝的垂直度及交圈。调整模板的垂直度及拼缝，模板之间的连接采用夹具两面墙之间锁紧对拉螺栓。

模板安装时应遵循先内侧后外侧，先横墙后纵墙，先角模后墙模的原则。

④模板拆除与保养：拆除过程中要加强对清水混凝土特别是对螺栓孔的保护；模板拆除后，应立即清理，对变形与损坏的部位进行修整，并均匀涂刷隔离剂，吊至存放处备用。

⑤节点处理：阴角与阳角部位的处理：阴角部位应配置阴角模，以保证阴角部位模板的稳定性；阳角部位采用两侧模板直接搭接、夹具固定的方式。

外墙施工缝：利用明缝条来防止模板下边沿错台、漏浆。

堵头模板处理：采用夹具或槽钢背楞配合边框钩头螺栓加固。

3.装饰清水混凝土模板

模板体系由模板基层和带装饰图案的聚氨酯内衬模组成，模板基层可以使用普通清水混凝土模板和饰面混凝土模板。

聚氨酯内衬模技术是利用混凝土的可塑性，在混凝土浇筑成型时，通过特制衬模的拓印，使其形成具有一定质感、线形或花饰等饰面效果的清水混凝土或清水混凝土预制挂板。该技术广泛应用于桥梁饰面造型及清水混凝土预制挂板上。

（三）主要技术参数

1.饰面清水混凝土模板表面平整度：2mn；

2.普通清水混凝土模板表面平整度：3mn；

3.饰面清水混凝土模板相邻面板拼缝高低差：≤0.5mm；

4.相邻面板拼缝间隙：≤0.8mm；

5.饰面清水混凝土模板安装截面尺寸：±3mm；

6.饰面清水混凝土模板安装垂直度（层高不大于5m）：3mm。

（四）清水混凝土模板技术应用范围

清水混凝土模板技术应用范围：体育场馆、候机楼、车站、码头、剧场、展览馆、写字楼、住宅楼、科研楼、学校、桥梁、筒仓、高耸构筑物等。

（五）技术经济效果

清水混凝土模板中最常用的是饰面清水混凝土模板，通过测算其综合成本只比钢模板贵15%～20%。由于清水混凝土不再用作装饰，在经济上节省了混凝土剔凿修补、装饰材料使用、装饰人工、装饰操作装备等，同时减少了装饰中可能产生的安全事故及剔凿修补中的噪声污染，因此其在经济安全以及社会效益上效果明显，是一种低碳环保的施工技术。

第四节 屋面工程

屋面工程作为一个重要的分部工程，在施工中占有重要地位。社会进步和时代发展，建筑结构的变化，建筑物防水构造的多样化设计，要求匹配的应该是质量好、使用年限长、施工方便、没有污染的防水材料及其应用技术，防水材料的生产与应用面临新的挑战，从而促进新兴防水材料的发展。

我国的建筑防水新技术近年来也有了很大发展，我国通过自主研发和引进技术生产了多种新型防水材料，如《建筑业十项新技术》中的聚乙烯丙纶防水卷材与非固化型防水黏结料复合防水施工技术、聚氨酯防水涂料施工技术等已大面积推广；同时，屋面的观感质量也越来越受到重视。

一、聚乙烯丙纶防水卷材与非固化型防水黏结料复合防水施工技术

（一）主要技术内容及特点

聚乙烯丙纶是由上下两层长丝丙纶无纺布和中间芯层线性低密度聚乙烯一次加工复合而成的防水卷材。

非固化型防水黏结料是由橡胶、沥青改性材料和特种添加剂制成的弹塑性膏状体，与空气长期接触不固化的防水材料。

上述两种材料的特点是冷施工、环保，并可在低温及潮湿基面上施工。

（二）技术指标与技术措施

施工时，将基层彻底清理干净后，采用专用设备将非固化型防水黏结料挤出并以刮涂法施工，在底层刮涂不小于2mm厚的橡化沥青非固化防水涂料，对基面易活动和变形部位增厚到3mm，形成一层永不固化的、可滑移的密封防水层，然后将聚乙烯丙纶防水卷材粘贴在上部，卷材与卷材之间也采

用非固化型防水黏结料黏结，从而形成复合防水层。

（三）适用范围与应用前景

该技术适用于建筑、轨道交通、隧道、泳池、桥梁等防水和防渗工程。

（四）典型工程与应用实例

该技术已应用于金沟河热工程隧道、北京格莱瑞服饰生产研发综合楼、石景山办事处办公楼、房山滨河家园、怀柔生态技术展示中心等防水工程。

（五）经济效益与社会效益

聚乙烯丙纶防水卷材与非固化型防水黏结料复合防水施工技术提高并强化了防水功能。非固化型防水黏结料可吸收基层开裂产生的拉应力，适应基层变形能力强，并可以自愈合。虽然卷材是满铺，但同时又达到了空铺的效果，既不窜水，又能够适应基层开裂变形的需求。全新的防水理念，卓越的防水效果使其具有良好的经济和社会效益。

二、聚氨酯防水涂料施工技术

（一）国内外发展概况

聚氨酯是一种发展很快的多功能高分子合成材料，由于原料品种的多样性以及大分子结构的可调性，可制成多种产品形式，用途极其广泛。从20世纪70年代末开始，随着我国科学技术的进步和化学建材工业的发展，以及改革开放以来，建筑业前所未有的发展速度和需求，建筑防水涂料也得到迅速发展。70年代后期研制出了聚醚型聚氨酯防水涂料；80年代中期又研制成功了焦油聚氨酯防水涂料，并在建筑工程中大量推广使用；90年代后聚氨酯防水涂料取得迅速发展。1990年原建设部将聚氨酯防水涂料列为"八五"计划重点推广项目之一、1993年制定并颁布实施了《聚氨酯防水涂料建材行业标准》（JC/T500-92）；1998年原建设部将非焦油聚氨酯防水涂料列为全国住宅推荐产品，从而极大地推动了聚氨酯防水涂料在全国的推广应用和健康发展。针对焦油聚氨酯防水涂料污染性大，1998年国内一些科研单位相继开发出沥青基聚氨酯防水涂料、单组分聚氨酯防水涂料和水溶性聚氨酯防水涂料等产品。自2013年修订的《聚氨酯防水涂料》国家标准（GB/T 19250–2013）实施以来，聚氨酯防水涂料的生产与应用发生了很大变化。在整个涂料市场，工业涂料包括汽车涂料、船舶涂料、公路铁路涂料等占到70%左右的份额。随着我国交通运输的不断发展，聚氨酯防水涂料的应用量不断增大。其中，我国近年来不断新建的高铁项目对拉动国内防水涂料的市场需求发挥了重要作用。

（二）主要技术内容及特点

1.聚氨酯防水涂料是通过化学反应而固化成膜，分为单组分和双组分两种类型。

单组分聚氨酯防水涂料为聚氨酯预聚体，在现场涂覆后经过与水或空气中湿气的化学反应，固化形成高弹性防水涂膜。

双组分聚氨酯防水涂料由甲、乙两个组分组成，甲组分为聚氨酯预聚体，乙组分为固化组分，现场将甲、乙两个组分按一定的配合比混合均匀，涂覆后经反应固化形成高弹性防水涂膜。

2.聚氨酯防水涂膜的特点：

（1）涂膜致密、无接缝，整体性强，在任何复杂的基面均易施工；

（2）涂层具有优良的抗渗性、弹性及低温柔性；

（3）具有较好的耐腐蚀性；

（4）涂料固化成膜易受环境温度、湿度影响；

（5）对基层平整度要求较高。

（三）技术措施

聚氨酯防水涂料可采用喷涂、刮涂、刷涂等工艺施工。施工时需分多层进行涂覆，每层厚度不应大于0.5mm，且相邻两层应相互垂直涂覆。

1.涂膜产生气孔或气泡

材料搅拌方式及搅拌时间掌握不好或是基层未处理好，聚氨酯防水涂料每道涂层过厚等均可使涂膜产生气孔或气泡。气孔或气泡直接破坏涂膜防水层均匀的质地，形成渗漏水的薄弱部位。因此施工时应予注意：材料搅拌应选用功率大、转速不太高的电动搅拌器，搅拌容器宜选用圆桶，以利于强力搅拌均匀，且不会因转速太快而将空气卷入拌和材料中，搅拌时间以2~5min为宜；涂膜防水层的基层一定要清洁干净，不得有浮砂或灰尘，基层上的孔隙应用基层上的涂料填补密实，然后施工第一道涂层；聚氨酯防水涂料在成膜的反应过程中产生CO_2气体，涂膜过厚气体无法释放出去，在涂膜中形成大量气泡，使涂膜的防水效果降低，因此，施工时应严格控制涂层厚度。

每道涂层均不得出现气孔或气泡，特别是底部涂层若有气孔或气泡，不仅破坏本层的整体性，而且会在上层施工涂抹时因空气膨胀出现更大的气孔或气泡。因此对于出现的气孔或气泡必须予以修补。对于气泡，应将其穿破，除去浮膜，用处理气孔的方法填实，再做增补涂抹。

2.起鼓

基层质量不良，有起皮或开裂，影响黏结；基层不干燥，黏结不良，水分蒸发产生的压力使涂膜起鼓；在湿度大、且通风不良的环境施工，涂膜表面易有冷凝水，冷凝水受热汽化可使上层涂膜起鼓。起鼓后就破坏了涂膜的整体连续性，且容易破损，必须及时修补。修补方法：先将起鼓部分全部割去，露出基层，排出潮气，待基层干燥后，先涂底层涂料，再依防水层施工方法逐层涂膜，若加抹增强涂布则更佳。修补操作要注意，不能一次抹成，至少分两次抹成，否则容易产生鼓泡或气孔。

3.翘边

涂膜防水层的端部或细部收头处容易出现同基层剥离和翘边现象，主要是因基层未处理好，不清洁或不干燥；底层涂料黏结力不强；收头时操作不细致，或密封处理不佳。施工时操作要仔细，基层要保持干燥，对管道周围做增强涂布时，可采用铜线箍扎固定等措施。

对产生翘边的涂膜防水层，应先将剥离翘边的部分割去，将基层打毛、处理干净，再根据基层材质选择与其黏结力强的底层涂料涂刮基层，然后按增强和增补做法仔细涂布，最后按顺序分层做好涂膜防水层。

4.破损

涂膜防水层施工后、固化前，未注意保护，被其他工序施工时破坏、划伤，或过早上人行走、放置工具，使防水层遭受破坏；对于轻度损伤，可做增强涂布、增补涂布；对于破损严重者，应将破损部分割除（割除部分比破损部分稍大些），露出基层并清理干净，再按施工要求，顺序、分层补做防水层，并应加上增强增补涂布。

5.涂膜分层、连续性差

聚氨酯防水涂料双组分型由于配比不合理或搅拌不均匀而使反应不完全造成涂膜连续性差。施工时应严格按照所使用材料的配合比配料，搅拌应充分、均匀。聚氨酯防水涂料每道涂层间隔时间过长，会产生涂膜分层现象，因此施工时控制好每道涂层的间隔时间，不能过短，也不能过长，严格地按照施工要求施工。

涂膜增强部位胎体过厚，涂层也会出现分层现象。选择胎体材料时，厚度应适中。有的胎体材料会与防水涂料发生反应，所以选材时应慎重。

（四）适用范围与应用前景

聚氨酯防水涂料适用于非外露防水工程。

聚氨酯防水涂料在国内外已经得到了广泛的应用。

（五）经济效益与社会效益

聚氨酯涂膜综合性能好，涂膜致密、无接缝，整体性强，黏结密封性能好，在任何复杂的基面均易施工；涂层具有优良的抗渗性、弹性及低温柔性，且具有一定的耐腐蚀性。由于聚氨酯防水涂料具有上述优异的特性，因此具有良好的经济和社会效益。

三、刚性防水屋面先置定型分格条施工技术

刚性防水屋面，具有施工简便、构造简单、受气候影响小、材料来源广、经久耐用、维修方便等优点，主要适用于防水等级为Ⅱ级的屋面防水，也可作为Ⅰ、Ⅱ级屋面多道防水设防中的一道防水层。

对于刚性防水屋面，大面积的硬化过程中难免会出现干缩裂缝，通常我们通过设置分格缝，用柔性材料嵌填，以柔适变，刚柔结合，达到减少裂缝和增强防水的作用。

通过技术创新，改变施工工序，采用先粘贴挤塑板作为背衬材料，然后固定薄壁方管作为定型分格条，克服了传统做法分格缝不顺直，嵌缝密封材料易开裂、脱落等质量通病，有效控制了刚性防水屋面分格缝等薄弱部位的施工质量。

（一）工法特点

1.工序设计新颖，依据分格缝位置线粘贴的挤塑板既可以对薄壁方管起定位作用，又可以作为分格缝的背衬材料。

2.薄壁方管制作的定型分格条自身刚度高且可多次周转使用。

3.操作简单易行，适用范围广。

4.选材绿色环保，对环境无污染，可多次周转使用。

（二）适用范围

刚性防水屋面适用于普通细石混凝土防水层、补偿收缩混凝土防水层、钢纤维混凝土防水层施工。

（三）工艺原理

卷材防水隔离层施工完毕后，在基层上弹出分格缝的位置线，依据分格缝线将挤塑板条粘贴在基层上，然后通过合理设置石块加固点，将薄壁方管固定在挤塑板条上，确保方管的抗侧移刚度，待刚性防水屋面细石混凝土初凝后、终凝前将薄壁方管起出。

（四）施工工艺流程及操作要点

1.工艺流程

熟悉施工图纸、规范→隔离层施工→弹分格缝位置线→粘贴挤塑板条→固定薄壁方管→钢筋绑扎→细石混凝土浇筑→起出薄壁管材→分格缝嵌缝处理→分格缝保护层施工。

2.操作要点

（1）熟悉施工图纸、规范

熟悉建筑结构及相关专业施工图纸、技术规程、施工工艺标准、节点细部构造等，做到全面掌握刚性防水屋面的操作要点。

（2）隔离层施工

在屋面构造设计中，隔离层的作用是找平、隔离、消除防水层与基层之间的黏结力及机械咬合力。

细石混凝土防水层与卷材防水层之间应设置隔离层，采用砂浆做隔离层时，抹平收水后应进行二次压光和充分养护，不得有酥松、起砂、起皮现象。

（3）弹分格缝位置线

砂浆隔离层充分养护后，按照设计要求（一般纵、横缝的间距不宜大于6m）在基层上弹出分格缝的位置线。

（4）粘贴挤塑板条

将20mm厚的挤塑板裁成比薄壁管材略宽3～5mm的塑板条粘贴在砂浆隔离层上；先行施工的挤塑板条具有一定的强度，对薄壁管材可以起定位作用并可以作为分格缝密封材料的背衬材料，减少后期二次嵌填的重复用工。

（5）固定薄壁方管

选用25 mm×25 mm×6000 mm×1.3 mm的薄壁方管，结合分格缝设计模数，考虑管材采购、运输、使用、保管等方面的因素，薄壁方管的长度选取3000mm。为便于起管，在距离两端约1/4位置用φ6圆钢焊制圆环。

定型分格缝条制作完毕后，在管外均匀涂刷脱模剂，然后将薄壁管材埋置在粘好的挤塑板上，并在管端和距管端1/4位置处用云石胶粘贴石材加固点，相比于仅在管端设置加固点，前者理论最大挠度仅为后者的8.75%。

（6）钢筋绑扎

细石混凝土防水层应配置直径为4～6mm、间距为100～200mm的双向钢筋网片；钢筋网片在分格缝处应断开。

由于刚性防水层的表面比下部更容易受温差变形、干湿变形影响，因此钢筋网片的位置应尽可能偏上，但必须保证足够的保护层厚度，以减少混凝土碳化对钢筋的影响，一般其保护层厚度应不小于10mm。

（7）细石混凝土浇筑

先浇筑图中阴影部分混凝土，待细石混凝土强度达到设计强度的80%以上时，再浇筑补仓混凝土。细石混凝土应采用机械搅拌和振捣，每个分格块应一次浇筑完成，不得留施工缝；抹压时不得在表面洒水、加水泥浆或撒干水泥，混凝土收水后应进行二次压光。

混凝土浇筑后应及时进行养护，养护时间不得少于14天，养护初期不得上人。

（8）起出薄壁管材

混凝土初凝后、终凝前应及时将先浇筑部分的横向定型分格条起出，起管时应先松管后起管，并做到两端均匀用力。先浇筑部分的纵向定型分格条只需及时松管，待补仓部分混凝土浇筑完毕后方可起管。

（9）分格缝嵌缝处理

分格缝密封材料使屋面形成一个连续的整体，能在气候、温差变化、震动、冲击、错动等条件下起防水作用，这就要求密封材料必须经受得起长期的压缩拉伸、震动疲劳作用，还必须具备一定的弹塑性、黏结性、耐候性和位移能力。

采用冷嵌法施工应先将少量密封材料刮到缝槽两侧，分次将密封材料嵌填在缝内，用力压嵌密实。嵌填时密封材料与缝壁不得留有空隙，并防止裹入空气，接头应采用斜槎。

（10）分格缝保护层施工

变形缝是容易发生渗漏的部位，密封材料在紫外线、高温和雨水作用下，会加速其老化和降低产品的耐久性。通常在室外环境下，3~5年就会出现不同程度的开裂和脱落现象，影响接缝部位的防水效果。

（五）质量控制

1.原材料进场时有产品合格证书和性能检测报告，进场后按规定抽样检验。

2.细石混凝土防水层中，粗骨料的最大粒径不宜大于15m，含泥量不应大于1%；细骨料应采用中砂或粗砂，含泥量不应大于2%。

3.刚性防水层表面应平整、压光，不起砂，不起皮，不开裂。

4.分格缝应平直，位置准确，无凹凸下塌现象。

5.嵌缝密封材料应与两侧基层粘牢，密封部位光滑、平直，不得有开裂、鼓泡、下榻现象。

（六）安全措施

1.施工前，项目部对屋面防水施工工艺进行认真细致研究，分析施工过程中可能存在的不安全因素，针对不安全因素制定切实可行的安全措施。

2.施工前，项目部技术负责人根据施工内容及现场实际情况，进行详细的安全技术交底，包括口头讲解和书面文字材料，书面文字材料履行签字手续，向施工作业人员落实安全责任。

3.施工前，对施工现场电箱、临电线路、电气设备、接地、电气保护装置等进行细致周密的检查，确保施工用电安全。施工现场应配备各种必要的灭火器以备救护。

4.在刚性屋面防水施工过程中，操作人员必须严格按照操作规程和安全管理制度要求，正确佩戴安全帽和安全带等安全防护装置。

5.安全员每天加强施工现场安全巡视，对整个施工过程进行安全监督、检查。

（七）环保措施

1.施工现场必须建立环境保护、环境卫生管理和检查制度，并做好检查记录。

2.产生的工程废弃物按工程指定地点和方案进行合理堆放和处置。

3.施工现场要注意防止水泥的扬尘污染，应采取有效的降尘措施。

4.优先选用环保机械，采取设立隔音墙、隔音罩等消音措施降低施工噪声到允许值以下。

第五节　装饰装修工程

绿色环保建筑的概念是为适应"可持续发展"这一当前人类所面临的课题而提出的。地球上的资源是有限的，而人类的消耗太大，人类不得不面临资源更加匮乏的境地。怎样节约资源，为后代留下足够的生存空间，建筑师们有两点考虑：一是建筑材料；二是造出来的房子自身消耗的能源要少。从绿色环保建筑的趋势看，一般认为，无毒、无害、无污染的建材和饰材将是市场消费的热点，现浇混凝土外墙外保温施工技术、粘贴式外保温施工技术成为建筑节能技术的重要方法之一。

外墙干挂石材在施工中大量采用，本章介绍一种外墙干挂石材幕墙施工技术，其简单、实用，可确保工程质量。

一、现浇混凝土外墙外保温施工技术

（一）主要技术内容及特点

现浇混凝土外墙外保温系统是指在墙体钢筋绑扎完毕后，浇灌混凝土墙体前，将保温板置于外模内侧，浇灌混凝土完毕后，保温层与墙体有机地结合在一起。聚苯板可以是EPS，也可以是XPS。当采用XPS时，表面应做拉毛、开槽等加强黏结性能的处理，并涂刷配套的界面剂。按聚苯板与混凝土的连接方式不同可分为有网体系和无网体系。

1.有网体系

外表面有梯形凹槽和带斜插丝的单面钢丝网架聚苯板（EPS或XPS），在聚苯板内外表面及钢丝网架上喷涂界面剂，将带网架的聚苯板安装于墙体钢筋之外，用塑料锚栓穿过聚苯板与墙体钢筋绑扎，安装内外大模板，浇灌混凝土墙体，拆模后有网聚苯板与混凝土墙体连接成一体。

2.无网体系

采用内表面带槽的阻燃型聚苯板（EPS或XPS），聚苯板内外表面喷涂界面剂，安装于墙体钢筋之外，用塑料锚栓穿过聚苯板与墙体钢筋绑扎，安装内外大模板，浇灌混凝土墙体，拆模后聚苯板与混凝土墙体连接成一体。

现浇混凝土外墙外保温系统的特点是由于混凝土侧压力的影响，不易保证保温板的平整度，同时除现浇混凝土结构不适用于其他结构类型的建筑施工外，有网体系适用于面砖饰面，而无网体系适用于涂料饰面。

（二）现浇混凝土外墙外保温系统的技术措施

1.保温板与墙体必须连接牢固，安全可靠，有网体系板、无网体系板面附加锚固件可用塑料锚栓，锚入混凝土内长度不得小于50mm，并将螺丝拧紧，使尾部全部张开。后挂网体系采用钢塑复合插接锚栓或其他满足要求的锚栓。

2.保温板与墙体的黏结强度应大于保温板本身的抗拉强度。有网体系、后挂钢丝网体系保温板内外表面及钢丝网，无网体系保温板内外表面应涂刷界面剂（砂浆）。

3.有网体系板与板之间垂直缝表面钢丝网之间应用镀锌钢丝绑扎，间距≤150mm，或用宽度不小于100mm的附加网片左右搭接。无网体系板与板之间的竖向高低槽宜用苯板胶黏结。

4.窗口外侧四周墙面，应进行保温处理，做到既满足节能要求，避免"热桥"，又不影响窗户开启。

5.有网体系膨胀缝和装饰分格缝处理。保温板上的分缝有两类:一类为膨胀缝,保温板和钢丝网均断开中间放入泡沫塑料棒,外表嵌缝膏嵌缝;另一类为装饰分格缝,即在抹灰层上做分格缝。在每层层间水平分层处宜留膨胀缝,层间保温板和钢丝网均应断开,其间嵌入泡沫塑料棒,外表用嵌缝油膏嵌缝。垂直缝一般设装饰分格缝,其位置宜按墙面面积留缝,在板式建筑中宜≤30m²,在塔式建筑中应视具体情况而定,一般宜留在阴角部位。

6.无网体系膨胀缝和装饰分格缝处理。在每层层间宜留水平分层膨胀缝,其间嵌入泡沫塑料棒,外表用嵌缝油膏嵌缝。垂直缝一般设装饰分格缝,其位置宜按墙面面积留缝;在板式建筑中宜≤30m²,在塔式建筑中应视具体情况而定,一般宜留在阴角部位。装饰分格缝保温板不断开,在板上开槽镶嵌入塑料分格条。

（三）适用范围与应用前景

适用于低层、多层和高层建筑的现浇混凝土外墙,适宜在严寒、寒冷地区和夏热冬冷地区使用。

二、粘贴式外保温施工技术

（一）基本原理与概念

外墙外保温系统（exterior wall insulation system）是由保温层、保护层和固定材料（胶粘剂锚固件等）构成,并且适用于安装在外墙外表面的非承重保温构造总称。

（二）外墙外保温岩棉（矿棉）系统

1.主要技术内容及特点

外墙外保温岩棉（矿棉）系统是指用胶粘剂将岩（矿）棉板粘贴于外墙外表面,并用专用岩棉锚栓将其锚固在基层墙体,然后在岩（矿）棉板表面抹聚合物砂浆并铺设增强网,然后做饰面层,其特点除了与粘贴聚苯乙烯泡沫塑料板系统相同的地方外,防火性能突出但成本较高。

2.外墙外保温岩棉（矿棉）系统的技术措施

（1）放线

根据建筑立面设计和外保温技术要求，在墙面弹出外门窗口水平、垂直控制线及伸缩缝线、装饰线条、装饰缝线等。

（2）拉基准线

在建筑外墙大角（阳角、阴角）及其他必要处挂垂直基准钢线，每个楼层适当位置挂水平线，以控制板的垂直度和平整度。

（3）粘贴岩棉（矿棉）板

排版按水平顺序进行，上下应错缝粘贴，阴阳角处做错茬处理；板的拼缝不得留在门窗口的四角处。当基面平整度≤5mm时宜采用条粘法；＞5mm时宜采用点框法，当设计饰面为涂料时，黏结面积率不小于40%；设计饰面为面砖时，黏结面积率不小于50%。

（4）安装锚固件

锚固件安装应至少在岩棉（矿棉）板粘贴24h后进行。打孔深度依设计要求。拧入或敲入锚固钉。

（5）配抹面砂浆

按配制要求，做到计量准确，机械搅拌，确保搅拌均匀。一次配制量应少于可操作时间内的用量。拌好的料注意防晒避风，超过可操作时间后不准使用。

（6）抹底层抹面砂浆

岩棉（矿棉）板安装完毕24h且经检查验收后进行。在板面底层抹面砂浆，厚度2~3mm。门窗口四角和阴阳角部位所用的增强网格布随即压入砂浆中。采用钢丝网时厚度为5~7mm。

（7）铺设增强网

对于涂料饰面采用玻纤网格布增强，在抹面砂浆可操作时间内，将网格布绷紧后贴于底层抹面砂浆上，用抹子由中间向四周把网格布压入砂浆中，要平整压实，严禁网格布褶皱。铺贴遇有搭接时，搭接长度不得少于80mm。

如采用双层玻纤网格布做法，在固定好的网格布上抹抹面砂浆，厚度

2mm左右，然后按以上要求再铺设一层网格布。

（8）抹面层抹面砂浆

在底层抹面砂浆凝结前抹面层抹面砂浆，以覆盖网格布、微见网格布轮廓为宜。抹面砂浆切忌不停揉搓，以免形成空鼓。

（9）外饰面作业

待抹面砂浆基面达到饰面施工要求时可进行外饰面作业。

外饰面可选择涂料、饰面砂浆等形式。具体施工方法按相关饰面施工标准进行。

外墙外保温岩棉（矿棉）系统不适宜采用面砖饰面。

3.适用范围与应用前景

适用于低层、多层和高层建筑的新建或既有建筑节能改造的外墙保温，适宜在严寒、寒冷地区和夏热冬冷地区使用，不适宜采用面砖饰面。由于其独特的防火性能，在高层建筑中有很大的发展空间。

（三）TCC 建筑保温模板系统

1.基本原理与定义

TCC建筑保温模板体系，是以传统的剪力墙施工技术为基础，结合当今国内外各种保温施工体系的优势技术而研发出的一种保温与模板一体化保温模板体系。该体系将保温板辅以特制支架形成保温模板，在需要保温的一侧代替传统模板，并同另一侧的传统模板配合使用，共同组成模板体系。混凝土浇筑并达到拆模强度后，拆除保温模板支架和传统模板，结构层和保温层即成型。

2.主要技术内容及特点

TCC建筑保温模板系统的特点在于保温板可代替一侧模板，可节省部分模板制作费用，且由于保温板安装与结构同步进行可节省外檐装修工期。缺点在于保温板作为模板的一部分对于保温板的强度要求较高，且由于混凝土侧压力的影响，不易保证保温板的平整度，同时除现浇混凝土结构外不适用于其他结构类型的建筑施工。

（1）技术内容

①保温板厚度应根据节能设计确定；

②保温板弯曲性能通过本技术规定的试验方法确定，应选用弯曲性能合格的保温板，推荐采用XPS板；

③保温板采用锚栓同混凝土层连接；

④保温板排版设计应和保温模板支架设计结合，确保保温板拼缝处有支架支撑；

⑤须设计墙体不需要保温的一侧的模板，使之与保温模板配合使用；如果设计为两侧保温，则墙体两侧均采用保温模板。

（2）特点

①保温模板代替传统模板，省去了部分模板的使用；

②保温层和结构层同时成型，节省了工期和费用，保证了质量；

③保温层只设置在需要保温的一侧，不需要双侧保温就实现了保温与模板一体化的施工工艺；

④操作简便，在对传统的剪力墙结构性能和施工工艺没有改变的前提下，实现了保温与模板一体化施工，易于推广使用。

3.技术指标与技术措施

（1）技术指标

保温材料：XPS挤塑聚苯乙烯板，厚度根据设计要求；

保温性能：按设计要求；

安装精度要求：同普通模板，与《混凝土结构工程施工质量验收规范》（GB5020X4–2015）一致。

（2）技术措施

①根据设计选择保温厚度；

②通过试验测试保温板的弯曲性能；

③根据墙体尺寸对保温进行排版设计；

④根据弯曲性能测试结果和保温板排版设计保温模板支架；

⑤设计墙体不需要保温的一侧的模板，使之与保温模板配合使用；

⑥在保温板上安装锚栓，然后将保温板固定在钢筋骨架上；

⑦安装保温模板支架和另一侧普通模板，完成模板支设和加固；

⑧浇筑混凝土；

⑨混凝土养护成型后，拆除保温模板支架和普通模板，此时保温层和结构层均已成型；

⑩保温层面层施工。

三、外墙干挂石材幕墙施工技术

（一）工艺介绍

外墙干挂石材幕墙指由天然石板做面板的幕墙。面板石材可根据建筑总体效果要求采用合适的颜色、质地和厚度的石材成品，易与玻璃和其他装饰协调，外墙整体效果美观、颜色均匀一致并耐久，目前正被越来越多地用于高级宾馆、饭店、商业写字楼、办公楼等外墙面的装饰工程中。

（二）特点

1.板材之间独立受力，独立安装，独立更换，节点做法灵活，连续作业，可提高施工速度。

2.连接可靠，对石板的削弱较小，减少连接部位石材局部破坏，使石材面板有较高的抗震能力，避免石材脱落，减少维修费用。

3.可准确控制石材表面与龙骨的间距，确保石材幕墙表面平整。

4.工厂化施工程度高，板材上墙后调整工作量少。

5.避免表面污染、变色"反碱"，使石板保持色彩光泽。

6.避免湿作业，少受气候变化影响，节约冬施、雨施费用。

（三）适用范围

"干挂"工艺，一般多用于30m以下的钢筋混凝土结构，非抗震设计或抗震设防烈度不大于7度的工业与民用建筑石材幕墙工程施工。不宜用于砖墙和轻型、加气混凝土墙。

（四）工艺原理

"干挂"的工艺原理是直接在板材上打孔或开槽并通过固定在结构物上的预埋件和与其相连的金属挂件，悬挂饰面板材，使分散的板材之间相互连接为一体，成为结构体外的一层装饰面。这种工艺在石材背面不需要灌注砂浆或细石混凝土，而是靠连接件、锚固预埋件的基本强度承受饰面传递过来的外力，在板材与墙体间形成一定宽度的空气层。

第六节　建筑工程新材料

一、新型混凝土材料

（一）高强混凝土与高性能混凝土

高强混凝土（High-Strength Concrete）即具有较高强度的混凝土，其强度界限有随时代发展而增大的趋势。我国通常将强度等级超过C50的混凝土称为高强混凝土（HSC）；抗压强度在100MPa的称为超高强混凝土（SHSC）。现代高强混凝土除了高强度以外，还应当具有其他综合优良特性，因此，高性能混凝土（High-Performance Concrete，简称HPC）的概念在近20年来被提出。高性能混凝土是一种新型高技术混凝土，是在大幅度提高普通混凝土性能的基础上采用现代混凝土技术制作的混凝土。它以耐久性作为设计的主要指标，针对不同用途要求，对下列性能重点予以保证：耐久性、工作性、适用性、强度、体积稳定性和经济性。《建筑业十项新技术》（2010年版）中将强度等级超过C80的高性能混凝土定义为高强高性能混凝土。

获得高强高性能混凝土的最有效途径主要有掺高性能混凝土外加剂和活性掺和料，并同时采用高强度等级的水泥和优质骨料。对于具有特殊要求的混凝土，还可掺用纤维材料提高抗拉、抗弯性能和冲击韧性；也可掺用聚合物等提高密实度和耐磨性。常用的外加剂有高效减水剂、高效泵送剂、高性能引气剂、防水剂和其他特种外加剂。常用的活性混合材料有I级粉煤灰或超细磨粉煤灰、磨细矿粉、沸石粉、偏高岭土、硅粉等，有时也可掺适量超细磨石灰石粉或石英粉。常用的纤维材料有钢纤维、聚酯纤维和玻璃纤维等。

1.高强高性能混凝土的原材料

（1）水泥

水泥的品种通常选用硅酸盐水泥和普通水泥，也可采用矿渣水泥等。强度等级选择一般为：C50～C80混凝土宜用强度等级42.5；C80以上选用更高强度的水泥。1m³混凝土中的水泥用量要控制在500kg以内，且尽可能降低水泥用量。水泥和矿物掺和料的总量不应大于600kg/m³。

（2）掺和料

①硅粉：它是生产硅铁时产生的烟灰，故也称硅灰，是高强混凝土配制中应用最早、技术最成熟、应用较多的一种掺和料。硅粉中的活性SiO_2含量达90%以上，比表面积达15000m²/kg以上，火山灰活性高，且能填充水泥的空隙，从而极大地提高混凝土的密实度和强度。硅灰的适宜掺量为水泥用量的5%～10%。

②磨细矿渣：通常将矿渣磨细到比表面积350m²/kg以上，从而具有优异的早期强度和耐久性。掺量一般控制在20%～50%。矿粉的细度越大，其活性越高，增强作用越显著，但粉磨成本也大大增加。与硅粉相比，增强作用略逊，但其他性能优于硅粉。

③优质粉煤灰：一般选用Ⅰ级灰，利用其内含的玻璃微珠润滑作用，降低水灰比，以及细粉末填充效应和火山灰活性效应，提高混凝土强度和改善综合性能。掺量一般控制在20%～30%。Ⅰ级粉煤灰的作用效果与矿粉相似，且抗裂性优于矿粉。

④沸石粉：天然沸石含大量活性SiO_2和微孔，磨细后作为混凝土掺和料能起到微粉和火山灰活性功能，比表面积500m²/kg以上，能有效改善混凝土黏聚性和保水性，并增强内养护，从而提高混凝土的后期强度和耐久性，掺量一般为5%～15%。

（3）外加剂

高效减水剂（或泵送剂）是高强高性能混凝土最常用的外加剂品种，减水率一般要求大于20%，以最大限度降低水灰比，提高强度。为改善混凝土的施工和易性及提供其他特殊性能，也可同时掺入引气剂、缓凝剂、防水剂、膨胀剂、防冻剂等。掺量可根据不同品种和要求选用。

（4）砂、石料

一般宜选用级配良好的中砂，细度模数宜大于2.6。含泥量不应大于1.5%，当配制C70以上混凝土时，含泥量不应大于1%。有害杂质控制在国家标准以内。

石子宜选用碎石，最大骨料粒径一般不宜大于25mm，强度宜大于混凝土强度的1.2倍。对强度等级大于C80的混凝土，最大粒径不宜大于20mm。针片状含量不宜大于5%，含泥量不应大于1%，对强度等级大于C100的混凝土，含泥量不应大于0.5%。

2.高强高性能混凝土的主要技术性质

（1）高强混凝土的早期强度高，但后期强度增长率一般不及普通混凝土。故不能用普通混凝土的龄期—强度关系式（或图表），由早期强度推算后期强度。如C60～C80混凝土，3天强度为28天的60%～70%；7天强度为28天的80%～90%。

（2）高强高性能混凝土由于非常致密，故抗渗、抗冻、抗碳化、抗腐蚀等耐久性指标均十分优异，可极大地提高混凝土结构物的使用年限。

（3）由于混凝土强度高，因此构件截面尺寸可大大减小，从而改变"肥梁胖柱"的现状，减轻建筑物自重，简化地基处理，并使高强钢筋的应用和效能得以充分利用。

（4）高强混凝土的弹性模量高，徐变小，可大大提高构筑物的结构刚度。特别是对预应力混凝土结构，可大大减少预应力损失。

（5）高强混凝土的抗拉强度增长幅度往往小于抗压强度，即拉压比相对较低，且随着强度等级提高，脆性增大，韧性下降。

（6）高强混凝土的水泥用量较大，故水化热大，自收缩大，干缩也较大，较易产生裂缝。

3.高强高性能混凝土的应用

高强高性能混凝土作为建设部推广应用的十大新技术之一，是建设工程发展的必然趋势。发达国家早在20世纪50年代即已开始研究应用，我国约在20世纪80年代初首先在轨枕和预应力桥梁中得到应用，高层建筑中应用则始于80年代末，进入90年代以来，研究和应用增加，北京、上海、广州、深圳等许多大中城市已建起了多幢高强高性能混凝土建筑。

随着国民经济的发展，高强高性能混凝土在建筑、道路、桥梁、港口、海洋、大跨度及预应力结构、高耸建筑物等工程中的应用将越来越广泛，强度等级也将不断提高，C50～C80的混凝土将得到普遍应用，C80以上的混凝土将在一定范围内得到应用。

（二）轻混凝土

轻混凝土是指表观密度小于1950kg/m³的混凝土。可分为轻集料混凝土、多孔混凝土和无砂大孔混凝土三类。

轻混凝土的主要特点如下。

（1）表观密度小：轻混凝土与普通混凝土相比，其表观密度一般可减小1/4～3/4，使上部结构的自重明显减轻，从而显著地减少地基处理费用，并且可减小柱子的截面尺寸；又由于构件自重产生的恒载减小，因此可减少梁板的钢筋用量。此外，还可降低材料运输费用，加快施工进度。

（2）保温性能良好：材料的表观密度是决定其导热系数的最主要因素，因此轻混凝土通常具有良好的保温性能，降低建筑物的使用能耗。

（3）耐火性能良好：轻混凝土具有保温性能好、热膨胀系数小等特点，遇火强度损失小，故特别适用于耐火等级要求高的高层建筑和工业建筑。

（4）力学性能良好：轻混凝土的弹性模量较小、受力变形较大，抗裂性较好，能有效吸收地震能，提高建筑物的抗震能力，故适用于有抗震要求的建筑。

（5）易于加工：轻混凝土中，尤其是多孔混凝土，易于打入钉子和进行锯切加工。这对于施工中固定门窗框、安装管道和电线等带来很大方便。

轻混凝土在主体结构中应用尚不多，主要原因是价格较高。但是，若对建筑物进行综合经济分析，则可收到显著的技术和经济效益，尤其是考虑建筑物使用阶段的节能效益，其技术经济效益更佳。

1.轻骨料混凝土

用轻粗骨料、轻细骨料（或普通砂）和水泥配制而成的混凝土，其表观密度不大于1950kg/m³，称为轻骨料混凝土。当粗细骨料均为轻骨料时，称为全轻混凝土；当细骨料为普通砂时，称砂轻混凝土。

（1）轻骨料的技术性质

轻骨料的技术性质主要有松堆密度、强度、吸水率最大粒径与颗粒级配等，此外，还有耐久性、体积安定性、有害成分含量等。

①松堆密度：轻骨料的表观密度直接影响所配制的轻骨料混凝土的表观密度和性能，轻粗骨料按松堆密度划分为8个等级：300kg/m³、400kg/m³、500kg/m³、600kg/m³、700kg/m³、800kg/m³、900kg/m³、1000kg/m³。轻砂的松堆密度为410～1200kg/m³。

②强度：轻粗骨料的强度，通常采用"筒压法"测定其筒压强度。筒压强度是间接反映轻骨料颗粒强度的一项指标，对相同品种的轻骨料，筒压强度与堆积密度常呈线性关系。但筒压强度不能反映轻骨料在混凝土中的真实强度，因此，技术规程中还规定采用强度标号来评定轻粗骨料的强度。"筒压法"和强度标号测试方法可参考有关规范。

③吸水率：轻骨料的吸水率一般都比普通砂石料大，因此将显著影响混凝土拌和物的和易性、水灰比和强度的发展。在设计轻骨料混凝土配合比时，必须根据轻骨料的一小时吸水率计算附加用水量。国家标准中关于轻骨料一小时吸水率的规定是：轻砂和天然轻粗骨料吸水率不作规定，其他轻粗骨料的吸水率不应大于22%。

④最大粒径与颗粒级配：保温及结构保温轻骨料混凝土用的轻骨料，其最大粒径不宜大于40mm。结构轻骨料混凝土的轻骨料不宜大于20mm。

对轻粗骨料的级配要求，其自然级配的空隙率不应大于50%。轻砂的细度模数不宜大于4.0；大于5mm的筛余量不宜大于10%。

（2）轻骨料混凝土的强度等级

轻骨料混凝土按其表观密度一般为800～1950kg/m³，共分为12个等级。强度等级按立方体抗压强度标准值分为CL5.0、CL7.5、CL10、CL15、CL20、CL25、CL30、CL35、CL40、CL45、CL50十一个等级。

轻骨料混凝土的变形比普通混凝土大，弹性模量较小，为同级别普通混凝土的50%～70%，制成的构件受力后挠度较大是其缺点。但因极限应变大，有利于改善构筑物的抗震性能或抵抗动荷载能力。轻骨料混凝土的收缩和徐变比普通混凝土相应地大20%～50%和30%～60%，热膨胀系数则比普通混凝土低20%左右。

（3）轻骨料混凝土的制作与使用特点

①轻骨料本身吸水率较天然砂、石为大，若不进行预湿，则拌和物在运输或浇筑过程中的坍落度损失较大，在设计混凝土配合比时须考虑轻骨料附加水量。

②拌和物中粗骨料容易上浮，也不易搅拌均匀，应选用强制式搅拌机作较长时间的搅拌。轻骨料混凝土成型时振捣时间不宜过长，以免造成分层，最好采用加压振捣。

③轻骨料吸水能力较强，要加强浇水养护，防止早期干缩开裂。

2.多孔混凝土

多孔混凝土中无粗、细骨料，内部充满大量细小封闭的孔，孔隙率高达60%。多孔混凝土可分为加气混凝土和泡沫混凝土两种。近年来，也有用压缩空气经过充气介质弥散成大量微小气泡，均匀地分散在料浆中而形成多孔结构。这种多孔混凝土称为充气混凝土。

根据养护方法不同，多孔混凝土可分为蒸压多孔混凝土和非蒸压（蒸养或自然养护）多孔混凝土两种。由于蒸压加气混凝土在生产和制品性能上有较多优越性，以及可以大量地利用工业废渣，故近年来发展应用得较为迅速。

多孔混凝土质轻，其表观密度不超过1000kg/m³，通常在300～800kg/m³；

保温性能优良，导热系数随其表观度降低而减小，一般为0.09～0.17W/m·k；可加工性好，可锯、可刨、可钉、可钻，并可用胶粘剂黏结。

（1）蒸压加气混凝土

蒸压加气混凝土是用钙质材料（水泥、石灰）、硅质材料（石英砂、尾矿粉、粉煤灰、粒状高炉矿渣、页岩等）和适量加气剂为原料，经过磨细、配料、搅拌、浇筑、切割和蒸压养护（在压力为0.8～1.5MPa下养护6～8h）等工序生产而成。

蒸压加气混凝土通常在工厂预制成砌块或条板等制品。

蒸压加气混凝土砌块适用于承重和非承重的内墙和外墙。强度等级A3.5级、密度等级B05和B06级的砌块用于横墙承重的房屋时，其楼层数不得超过三层。总高度不超过10m；强度等级A5.0级、密度等级B06级和B07级的砌块，一般不宜超过五层，总高度不超过16m。蒸压加气混凝土砌块可用作框架结构中的非承重墙。

（2）泡沫混凝土

泡沫混凝土是将由水泥等拌制的料浆与由泡沫剂搅拌造成的泡沫混合搅拌，再经浇筑、养护硬化而成的多孔混凝土。

配制自然养护的泡沫混凝土时，水泥强度等级不宜低于32.5，否则强度太低。当生产中采用蒸汽养护或蒸压养护时，不仅可缩短养护时间，且能提高强度，还能掺用粉煤灰、煤渣或矿渣，以节省水泥，甚至可以全部利用工业废渣代替水泥。如以粉煤灰、石灰、石膏等为胶凝材料，再经蒸压养护，制成蒸压泡沫混凝土。

泡沫混凝土的技术性质和应用，与相同表观密度的加气混凝土大体相同。也可在现场直接浇筑，用作屋面保温层。

3.大孔混凝土

大孔混凝土指无细骨料的混凝土，按其粗骨料的种类，可分为普通无砂大孔混凝土和轻骨料大孔混凝土两类。普通无砂大孔混凝土是用碎石、卵石、重矿渣等配制而成。轻骨料大孔混凝土则是用陶粒、浮石、碎砖、煤渣等配制而成。有时为了提高大孔混凝土的强度，也可掺入少量细骨料，这种混凝土称为少砂混凝土。

普通无砂大孔混凝土的表观密度在1500～1900kg/m³，抗压强度为3.5～10MPa。轻骨料大孔混凝土的表观密度在500～1500kg/m³，抗压强度为1.5～7.5MPa。

大孔混凝土的导热系数小，保温性能好，收缩一般较普通混凝土小30%～50%，抗冻性优良。

大孔混凝土宜采用单一粒级的粗骨料，如粒径为10～20mm或10～30mm。不允许采用小于5mm和大于40mm的骨料。水泥宜采用等级为32.5或42.5的水泥。水灰比（对轻骨料大孔混凝土为净用水量的水灰比）可在0.30～0.40取用，应以水泥浆能均匀包裹在骨料表面不流淌为准。

大孔混凝土适用于制作墙体小型空心砌块、砖和各种板材，也可用于现浇墙体。普通大孔混凝土还可制成滤水管、滤水板等，广泛用于市政工程。

（三）特种混凝土

特种混凝土是根据工程环境的要求对混凝土的性质提出特殊的要求，如抗渗混凝土、耐热混凝土、聚合物混凝土、纤维混凝土及防辐射混凝土等，这些特种混凝土根据自身所处环境和使用要求对配合比及添加剂有不同的要求。

1.抗渗混凝土

抗渗混凝土系指抗渗等级不低于P6级的混凝土。即它能抵抗0.6MPa静水压力作用而不发生透水现象。为了提高混凝土的抗渗性，通常采用合理选择原材料、提高混凝土的密实程度以及改善混凝土内部孔隙结构等方法来实现。目前，常用的防水混凝土的配制方法有以下几种。

（1）富水泥浆法

这种方法是采用较小的水灰比，较高的水泥用量和砂率，提高水泥浆的质量和数量，使混凝土更密实。

（2）骨料级配法

骨料级配法是通过改善骨料级配，使骨料本身达到最大密实程度的堆积状态。为了降低空隙率，还应加入占骨料量5%～8%的粒径小于0.16mm的细粉料。同时严格控制水灰比、用水量及拌和物的合理性，使混凝土结构致密，提高抗渗性。

（3）外加剂法

这种方法与前面两种方法比较，施工简单，造价低廉，质量可靠，被广泛采用。它是在混凝土中掺入适当品种的外加剂，改善混凝土内孔结构，隔断或堵塞混凝土中各种孔隙、裂缝、渗水通道等，以达到改善混凝土抗渗的目的。常采用引气剂（如松香热聚物）、密实剂（如采用防水剂）、高效减水剂（降低水灰比）、膨胀剂（防止混凝土收缩开裂）等。

（4）特种水泥

采用无收缩不透水水泥、膨胀水泥等特种水泥来拌制混凝土，能够改善混凝土内的孔结构，有效提高混凝土的致密度和抗渗能力。

2.耐热混凝土

耐热混凝土是指能长期在高温（200～900℃）作用下保持所要求的物理和力学性能的一种特种混凝土。

普通混凝土不耐高温，故不能在高温环境中使用。其不耐高温的原因是：水泥石中的氢氧化钙及石灰岩质的粗骨料在高温下均要产生分解，石英砂在高温下要发生晶型转变而体积膨胀，加之水泥石与骨料的热膨胀系数不同。所有这些，均将导致普通混凝土在高温下产生裂缝，强度严重下降，甚至破坏。

耐热混凝土是由合适的胶凝材料，耐热粗、细骨料及水，按一定比例配制而成。根据所用胶凝材料不同，通常可分为以下几种。

（1）矿渣水泥耐热混凝土

矿渣水泥耐热混凝土是以矿渣水泥为胶结材料，安山岩、玄武岩、重矿渣、黏土碎砖等为耐热粗、细骨料，并以烧黏土、砖粉等作磨细掺和料，再加入适量的水配制而成。耐热磨细掺和料中的二氧化硅和三氧化铝在高温下均能与氧化钙作用，生成稳定的无水硅酸盐和铝酸盐，它们能提高水泥的耐热性。矿渣水泥配制的耐热混凝土其极限使用温度为900℃。

（2）铝酸盐水泥耐热混凝土

铝酸盐水泥耐热混凝土是采用高铝水泥或硫铝酸盐水泥、耐热粗、细骨料、高耐火度磨细掺和料及水配制而成。这类水泥在300～400℃下其强度会急剧降低，但残留强度能保持不变。到1100℃时，其结构水全部脱出而烧结成陶瓷材料，则强度重又提高。常用粗、细骨料有碎镁砖、烧结镁砖、矾土、镁铁矿和烧黏土等。铝酸盐水泥耐热混凝土的极限使用温度为1300℃。

（3）水玻璃耐热混凝土

水玻璃耐热混凝土是以水玻璃作胶结材料，掺入氟硅酸钠作促硬剂，耐热粗、细骨料可采用碎铁矿、镁砖、铬镁砖、滑石、焦宝石等。磨细掺和料为烧黏土、镁砂粉、滑石粉等。水玻璃耐热混凝土的极限使用温度为1200℃。施工时严禁加水；养护时也必须干燥，严禁浇水养护。

（4）磷酸盐耐热混凝土

磷酸盐耐热混凝土是由磷酸铝和高铝质耐火材料或锆英石等制备得粗、细骨料及磨细掺和料配制而成，目前更多的是直接采用工业磷酸配制耐热混凝土。这种混凝土具有高温韧性强、耐磨性好、耐火度高的特点，其极限使用温度为1500～1700℃。磷酸盐耐热混凝土的硬化需在150℃以上烘干，总干燥时间不少于24h，硬化过程中不允许浇水。

耐热混凝土多用于高炉基础、焦炉基础、热工设备基础及围护结构、护衬、烟囱等。

3.聚合物混凝土

聚合物混凝土是由有机聚合物、无机胶凝材料和骨料结合而成的新型混凝土，常用的有以下两类。

（1）聚合物浸渍混凝土（PIC）

将已硬化的混凝土干燥后浸入有机单体中，用加热或辐射等方法使混凝土孔隙内的单体聚合，使混凝土与聚合物形成整体，称为聚合物浸渍混凝土。

由于聚合物填充了混凝土内部的孔隙和微裂缝，从而增加了混凝土的密实度，提高了水泥与骨料之间的黏结强度，减少了应力集中，因此具有高强、耐蚀、抗冲击等优良的物理力学性能。与基材（混凝土）相比，抗压强度可提高2～4倍，一般可达150MPa。

浸渍所用的单体有：甲基丙烯酸甲酯（MMA）、苯乙烯（S）、丙烯腈（AN）等。对于完全浸渍的混凝土应选用黏度尽可能低的单体，如MMA、S等，对于局部浸渍的混凝土，可选用黏度较大的单体，如聚酯—苯乙烯等。

聚合物浸渍混凝土适用于要求高强度、高耐久性的特殊构件，特别适用于输送液体的有筋管道、无筋管道和坑道。

（2）聚合物水泥混凝土（PCC）

聚合物水泥混凝土是用聚合物乳液拌和水泥，并掺入砂或其他骨料而制成，生产工艺与普通混凝土相似，便于现场施工。

聚合物可用天然聚合物（如天然橡胶）和各种合成聚合物（如聚醋酸乙烯、苯乙烯、聚氯乙烯等）。矿物胶凝材料可用普通水泥和高铝水泥。

通常认为，在混凝土凝结硬化过程中，聚合物与水泥之间没有发生化学作用，只是水泥水化吸收乳液中的水分，使乳液脱水而逐渐凝固，水泥水化的产物与聚合物互相包裹填充形成致密的结构，从而改善混凝土的物理力学性能，表现为黏结性能好，耐久性和耐磨性高，抗折强度明显提高，但不及聚合物浸渍混凝土显著，抗压强度有可能下降。

聚合物水泥混凝土多用于无缝地面，也常用于混凝土路面和机场跑道面层和构筑物的防水层。

4.纤维混凝土

纤维混凝土是以混凝土为基体，外掺各种纤维材料而成。掺入纤维的目的是提高混凝土的抗拉、抗弯、冲击韧性，也可以有效改善混凝土的脆性性质。

常用的纤维材料有钢纤维、玻璃纤维、石棉纤维、碳纤维和合成纤维等。所用的纤维必须具有耐碱、耐海水、耐气候变化的特性。国内外研究和应用钢纤维较多，因为钢纤维对抑制混凝土裂缝的形成，提高混凝土抗拉和抗弯，增加韧性效果最佳，但成本较高，因此，近年来合成纤维的应用技术研究较多，有可能成为纤维混凝土的主要品种之一。

在纤维混凝土中，纤维的含量，纤维的几何形状以及纤维的分布情况，对其性质有重要影响。以钢纤维为例：为了便于搅拌，一般控制钢纤维的长径比为60~100，掺量为0.5%~1.3%（体积比），尽可能选用直径细、截面形状非圆形的钢纤维，钢纤维混凝土一般可提高抗拉强度2倍左右，抗冲击强度提高5倍以上。

纤维混凝土目前主要用于复杂应力结构构件、对抗冲击性要求高的工程，如飞机跑道、高速公路、桥面面层、管道等。随着纤维混凝土技术的提高，各类纤维性能的改善，成本的降低，纤维混凝土在建筑工程中的应用将会越来越广泛。

5.防辐射混凝土

能遮蔽x、γ射线等对人体有危害的混凝土，称为防辐射混凝土。它由水泥、水及重骨料配制而成，其表观密度一般在3000kg/m³以上。混凝土越重，其防护x、γ射线的性能越好，且防护结构的厚度可减小。但对中子流的防护，除需要混凝土很重外，还需要含有足够多的最轻元素——氢。

配制防辐射混凝土时，宜采用胶结力强、水化结合水量高的水泥，如硅酸盐水泥，最好使用硅酸锶等重水泥。采用高铝水泥施工时需采取冷却措施。常用的重骨料主要有重晶石（$BaSO_4$）、褐铁矿（$2Fe_2O_3 \cdot 3H_2O$）、磁铁矿（Fe_3O_4）、赤铁矿（Fe_2O_3）等。另外，掺入硼和硼化物及锂盐等，也能有效改善混凝土的防护性能。

防辐射混凝土主要用于原子能工业以及应用放射性同位素的装置中，如反应堆，加速器，放射化学装置，海关、医院等的防护结构。

二、新型墙体材料

新型墙体材料是指除黏土实心砖以外的具有节土、节能、利废、有较好物理力学性能的墙体材料。按通常的分类方法，新型墙体材料可分为空心砖、砌块、轻质隔墙板、复合墙体四大类。

（一）空心砖

空心砖是以黏土、页岩、煤矸石等为主要原料，经过原料处理、成型、烧结制成。空心砖的孔洞总面积占其所在砖面积的百分率，称为空心砖的孔洞率，一般应在15%以上。空心砖和实心砖相比，可节省黏土20%～30%，节约燃料10%～20%，减轻运输重量；减轻制砖和砌筑时的劳动强度，加快施工进度40%；减轻建筑物自重1/3左右，加高建筑层数，降低造价。空心砖的上述优点，促进了它的广泛应用和生产。

1.空心砖的力学性能

空心砖的力学性能主要是抗压强度，直接影响墙体特别是承重墙的强度和安全性。其主要的影响因素包括空心砖的外壁壁厚、孔洞方向、孔洞率。

一般来说，在相同孔洞率的条件下，小孔、多孔空心砖比大孔、少孔空心砖的抗压强度和抗折强度高。

空心砖垂直于孔洞方向的强度较平行于孔洞方向的强度低60%～80%。（这就是承重空心砖的孔洞大多为垂直孔，而非承重空心砖的孔洞大多为水平孔的原因）所以承重空心砖在使用时应注意要使孔洞的方向垂直于地面。

当空心砖的孔洞率小于35%时，垂直孔空心砖的抗压强度相当于空心砖。当孔洞率为35%～40%时，对抗压强度仅有轻微影响。当孔洞率为40%～50%时，砌筑后的墙体强度会有所下降。

2.空心砖的保温性能

空心砖的保温性能直接影响建筑物的居住条件，主要是导热率。其主要的影响因素包括空心砖的孔洞率、材料的密度、空心砖的孔形、孔洞的大小及排列。

一般空心砖的导热系数与其孔洞率成反比。孔洞率越大，其导热系数越小，保温性能也越好。空心砖的材料密度越小（即材料小、空隙度大），其导热系数越小，保温性能越好。在空心砖外壁和内壁厚度相同的条件下，不同的孔形对空心砖的导热系数影响也较大，形孔的导热系数最小，其余依次为菱形、方形、圆形。

在相同孔洞率的空心砖中，小型孔洞较大型孔洞的空心砖导热系数低，其保温隔热效果好。这也是微孔空心砖保温隔热性能优异的原因。在相同孔洞率的条件下，孔洞多排排列（小孔、多排）的导热系数比单排排列（大孔、单排）的低。

（二）砌块

砌块是用于砌筑的，形体大于砌墙砖的人造块材。它是一种新型节能墙体材料，可以充分利用地方资源和工业废渣，并可节省黏土资源和保护环境，具有生产工艺简单、原料来源广、适应性强、制作及使用方便、可改善墙体功能等特点，因此发展较快。

目前，我国各地生产的小砌块品种有：普通水泥混凝土小砌块，占全部产量的70%；天然轻骨料或人造轻骨料（包括粉煤灰陶粒、黏土陶粒、页岩陶粒、膨胀珍珠岩等）小砌块、工业废渣（包括煤矸石、窑灰、粉煤灰、炉渣、煤渣、增钙渣、废石膏等）小砌块，后两种占全部产量的25%左右。此外，我国还开发生产了一些特种用途的小砌块，如饰面砌块、铺地砌块、护坑砌块、保温砌块、吸音砌块和花格砌块等。

1.混凝土小型空心砌块

混凝土小型空心砌块是以水泥为胶结料，砂、碎石或卵石、煤矸石、炉渣为骨料，加水搅拌，经振动、振动加压或冲压成型，并经养护而制成的小型（主规格为390mm×190mm×190mm）并有一定空心率的墙体材料。

2.加气混凝土砌块

加气混凝土砌块是以钙质材料（水泥或石灰）和硅质材料（砂或粉煤灰等）为基本原料，以铝粉为发气剂，经过蒸压养护等工艺制成的一种多孔轻质的新型墙体材料。其体积密度范围为300～1000kg/m³，抗压强度为1.5～10.0MPa。

加气混凝土砌块具有轻质、保温、耐火、抗震、足够的强度和良好的可加工性能，因此，在建筑中的应用非常广泛，最普遍的是用于框架结构的填充墙，以及低层建筑的墙体（承重墙和非承重墙），也可与现浇钢筋混凝土砌垒组合成平屋面或楼板，有时也可用作吸声材料。

（三）轻质隔墙板

轻质隔墙板是用轻质材料制成的、外形尺寸（宽×长×厚）为600mm×（2500～3500）mm×（50～60）mm的、用作非承重的内隔断墙的一种预制条板。这种条板具有密度小、价格低廉及施工方便等特点。

按隔墙板所用胶凝材料，则可分为石膏类及水泥类两大类，各类的品种均很多。石膏类轻质隔墙板是以普通建筑石膏为主要胶凝材料制成的，其品种有石膏珍珠岩隔墙板、石膏纤维隔墙板和耐水增强石膏隔墙板及石膏陶粒隔墙板等。水泥类轻质隔墙板是以普通水泥或硫铝酸盐水泥（或铁铝酸盐水泥）为主要胶凝材料制成的，其品种有无砂陶粒混凝土隔墙板、水泥陶粒珍珠岩混凝土隔墙板、玻璃纤维增强水泥（GRC）珍珠岩隔墙板及菱苦土珍珠岩隔墙板等。

1.轻质墙板主要性能

（1）面密度

隔墙板单位面积的质量称为其面密度，用kg/m^2表示。面密度主要与隔墙板厚度及所用材料的表观密度以及隔墙板的构造（空心或实心）和含水率等有关。

隔墙板可以设置于室内任何部位，楼板底下可不另设横梁。隔墙板施工一般用人工搬运。所以板的质量不宜太大，以面密度不大于$60kg/m^2$为宜。

（2）抗弯性能

非承重内隔墙板在工作状态下一般不受任何方向的荷载，但偶尔可能承受一定的风荷载。隔墙板的抗弯性能主要与板材面密度、板所用材料的抗压强度及配筋情况有关。

（3）抗冲击性能

为了保证隔墙板在受到人体或其他物品撞击时不会断裂，要求其具有一定的抗冲击强度。我国《住宅非承重内隔堵轻质条板》标准编制组建议，按以150（N·m）的冲击荷载撞击板面3次不出现贯通裂缝，且最大挠度小于5mm时，即可认为满足抗冲击性能要求。

（4）吊挂承受力

吊挂承受力系指于条板中安放的预埋件所能承受的力。以 40mm×40mm×50mm 木楔嵌入条板，如施加 500N 的力（或 50kg 重物）、木楔不被拔出，即可认为满足使用要求。

（5）收缩率

采用无机胶凝材料制成的轻质隔墙板，安装就位后，接缝处容易开裂。这主要是板材的胶凝材料收缩所致。尤其是以水泥为胶凝材料的隔墙板收缩更严重。因为水泥石不仅会因水泥水化引起化学收缩，还会因失水引起干燥收缩，以及后期因碳化引起收缩。石膏类隔墙板则主要是因失水引起的干燥收缩。

以石膏及硫铝酸盐水泥为胶凝材料的隔墙板收缩率较小。

影响隔墙板收缩率的主要因素之一是其含水率。为此，只要严格控制隔墙板的含水率就可避免板材接缝开裂。

（6）隔声性能

轻质隔墙板的隔声性能用其隔声量表示，即隔墙板一面的入射声能与另一面的透射声能相差的分贝数。

隔墙板的隔声量与板材的表观密度、空心率及厚度有关。以相同材料制作的隔墙板，其面密度越大，即厚度越大，空心率越小，其隔声量越大。

（7）软化系数

鉴于在民用建筑中轻质隔墙板主要用作厨房及卫生间的隔断，工作环境潮湿，因此要求板材具有较好的耐水性，这点对于以石膏为胶材及以膨胀珍珠岩为轻集料的隔墙板更为重要。板材的耐水性通常用其软化系数表示，即浸水24h后的抗压强度与干燥状态的抗压强度之比。工程实践证明，在潮湿条件下使用的隔墙板，其软化系数不应小于0.6。

2.适用范围

轻质隔墙板主要用于民用与公用建筑的内墙隔断，其适用范围如下：

（1）一般民用住宅建筑的厨房、卫生间隔断墙；

（2）大开间住宅建筑的分室隔墙或分户隔墙；

（3）高层框架建筑的内隔断墙；

（4）高层建筑设备间、管道间的隔断墙；

（5）写字楼的隔断墙。

3.应用技术要点

轻质隔断墙在我国尚处于发展阶段，由于原材料品种较多，板材质量差别很大，目前尚无国家标准或行业标准可以遵循，因此在应用时必须注意以下几点：

（1）石膏空心隔墙板具有微气候调节功能，适合做内隔墙，但其耐水性较差，故在潮湿条件下使用时，必须做防潮处理，或选用耐水石膏板；

（2）GRC隔墙板要求采用低碱水泥和耐碱玻璃纤维作原材料。由于目前有些生产厂家所用原材料质量难以保证，再加上工艺方面也存在一些问题，使其耐久性较差，存在一定隐患，必须加以注意；

（3）隔墙板的接缝普遍存在开裂问题。除板材本身含水率大、收缩大以外、采用的黏结剂问题也较多，选用时必须谨慎。例如，石膏类板材及GRC板均不宜采用水泥类黏结剂。

（4）60mm厚的单层隔墙板只适用于做隔声性能要求不高的厨房、卫生间隔断。隔声要求较高的分户隔断或写字楼的内隔断墙，则宜采用双层板中间预留空气层或填充岩棉、珍珠岩芯板或采用专门加工的厚度较大的单层板。

（四）复合墙体

复合墙体是由不同功能的材料分层复合而成，因而能充分发挥各种不同功能材料的功效。复合墙体的保温隔热有三种形式。第一种是将保温隔热材料放在内、外面层材料的中间。这在国内外应用比较普遍，日常人们所讲的也主要是指这种夹芯式的复合墙体。第二种是将保温隔热材料设置在两侧。这种形式比较少，美国曾用过这类形式的复合板材，制作时将保温隔热层兼作模板。第三种是将保温隔热材料设置在板的一侧，这样可以有效防止墙体内部结露，主要应用于建筑物已建成后的墙体性能改善和旧房维修。

第二章 建筑垃圾及建筑垃圾资源化

第一节 建筑垃圾概况

一、建筑垃圾概述

本书所称的建筑垃圾包括建筑项目建设、施工单位或个人对各类建筑物、构筑物、建筑配套管网、电线等进行建设、铺设或拆除、修缮过程中所产生的废弃土、木、沙、石、玻璃、金属、混凝土及其他固体或液体废弃物。也是人类生产生活过程中所产生的固体废弃物的重要来源。

（一）建筑垃圾的来源

建筑垃圾主要来自市政工程和建筑行业从事建筑项目拆迁、建设、改建、装修、修缮等建筑业的生产活动过程中。资料显示，建筑垃圾的数量已占城市垃圾总量的30%～40%。我国每年的建筑施工面积累计超过6.5亿平方米，在各类建筑施工进行的同时，建筑材料消耗量大，建筑废弃物的产生量也随之增加，建筑垃圾已成为困扰城市建设与环境治理的重大问题。建筑垃圾的来源主要在于以下几个方面。

1.建筑施工

建筑材料又称土木工程材料，即一切与土建工程有关的施工材料和结构材料，也包括机械设备、运输设备和其他相关设施。建筑施工材料是土木工程材料的一部分，是指贯穿于建筑施工过程中的材料，包括金属材料、有机材料、无机材料和复合材料等。现代建材行业的发展，催生了许多新型功能材料进入市场，而这些材料潜在地成为建筑垃圾的组成部分。

2.建筑装修

建筑装修是指建筑装修与装饰工程，其目的是保护建筑物的主体结构，完善建筑物的物理性能、使用功能和美化建筑物。建筑装修过程中广泛用到陶瓷、玻璃、金属（合金）、橡胶泡沫、塑料、混凝土等材料，这些材料的包装、垫层等通常不被利用，极易成为建筑垃圾。而且此类垃圾除纸、塑料、金属有回收利用价值之外，其他部分通常不能被回收利用或者回收利用率很低。装饰材料中的塑料泡沫橡胶等数百年不降解，是白色垃圾的主要来源，对这些垃圾进行就地掩埋或堆放也会污染地下水。部分地区采取露天焚烧措施也会造成大气污染，焚烧后的气体中含有大量苯、萘系及化合物，这些化合物大都有剧毒，极易引发癌症和呼吸道疾病。

玻璃、石膏和化纤材料的回收率更低，一般作为不可回收垃圾对待处理。普通玻璃的主要成分为硅酸盐类（Na_2SiO_3、$CaSiO_3$、SiO_2 或 $Na_2O \cdot Ca_2O \cdot 6SiO_2$ 等），石膏的主要成分为硫酸钙（$CaSO4$），化纤材料主要由各种碳的化合物经过加聚反应、加成反应、聚合反应等复杂反应而得到，这些成分虽不会引起重大污染，但是耗资占地，也会加剧资源浪费。现代建筑装饰力求新颖别致，各种新型装饰材料被广泛采用。墙面漆、生态陶瓷、生态竹木等材料逐渐朝着节约资源、有益人体健康的方向发展，这是今后建材行业发展的主要方向，也是减少建筑垃圾的有力措施。

3.建筑拆迁或改建

在城市建设与开发过程中，为了节约集约用地，加快城乡一体化进程，大量陈旧建筑物被拆除，某些功能建筑物被改建，道路桥梁拓宽，管道、线路的重新敷设，再次产生了许多建筑垃圾。建筑物拆除工程的拆毁建筑垃圾是建筑垃圾中主要的废物之一，占建筑垃圾总量的38%～77%。

4.建筑使用和维护

建筑物或者构筑物在使用过程中，为了提高其性能和增强环境协调性，主体部分施工完成后，在投入使用时，通常需要采取一些必要措施维持建筑物的安定性和耐久性。如高层建筑进行防震和防雷击处理，平顶建筑对顶部进行防水处理，建筑底部的防潮处理等。这一过程中主要产生的垃圾有金属、沥青类涂料、胶粘材料、泡沫塑料等，其中绝大部分垃圾不易于回收利用，有些垃圾甚至伴随建筑物的使用过程持续存在较长时期。建筑行业逐步采用高性能、耐久性材料解决这一难题。

5.建筑相关设备

没有建筑相关设备的建筑物只能是一个空壳，为了实现建筑物的使用价值，满足生产生活需要，无论是工业建筑还是民用建筑，都必须配备相关的建筑设备。现代建筑对舒适性、实用性和安全性的要求更高，满足这一要求的最终方法无疑是提高建筑设备的性能，并朝着人性化、智能化方向发展。

一般民用建筑配置的建筑设备主要有给排水设备、供电设备、消防设备、通风采暖设备以及其他生活设备。这些设备在安装、使用过程中会产生大量垃圾，一般被认为是生活垃圾。废旧管道电线等产生了很多不易降解的塑料和橡胶，洁具设施产生较多的生活污水，燃气设施产生较多有毒有害气体，这些固体、液体和气体垃圾随着建筑物的使用年限而累积，是城市建筑垃圾的主要来源。值得注意的是，其中的一部分电子垃圾含有较多的重金属（铅、汞、锰）和放射性物质，这些物质严重威胁地下水尤其是饮用水的安全。

（二）建筑垃圾的分类

建筑垃圾所包含的内容极为广泛，在不能穷举的情况下，对其进行合理的分类，有利于建筑垃圾的回收与利用。

从不同角度对建筑垃圾进行分类可以得到不同的分类结果，如根据材料化学成分可将其分为金属材料、有机材料、无机材料和复合材料。根据其是否能被回收利用可以分为可回收材料和不可回收材料。根据物料的可利用性可将其分为惰性物料和非惰性物料，其中惰性物料包括废混凝土、废石料、废砖瓦、废沥青以及工程残土等，其污染性较小，通常可替代土石方使用，也可作为替代填料填海造地；非惰性物料包括废金属、废竹木、废泡沫塑料橡胶以及其他聚合物等，这些材料有别于公共填料，不能用来填海，经回收再用再造后，余下的废物会运往堆填区处置。

二、城市建筑垃圾

我国工业化和城市化进程渐趋加快，随之产生的建筑垃圾日益增多。目前我国是世界上城市建设规模最大的国家，据估计，我国每年城市建设产生的垃圾约为60亿吨，其中建筑垃圾约为24亿吨，已占到城市垃圾总量的40%。而且如果采取填埋处理措施，每万吨建筑垃圾约占用填埋场1亩的土地，则每年将毁坏土地24万亩，显然城市垃圾的处理问题将是城市建设过程中需要重点攻克的难题。

（一）城市建筑垃圾的特点与分类

城市建筑垃圾最大的来源是新建住宅和旧城改造工程。大批建筑垃圾管理机制松弛，为节省运输费用，大多露天放置或到郊区填埋，严重破坏了耕地和自然环境。不少城市近郊农村因城市建筑垃圾的不当倾倒导致河道阻塞，活水变成死水，影响了附近居民的饮用水安全，也危害了附近农田的灌溉系统。

（二）城市建筑垃圾回收利用及管理现状

城市建筑垃圾问题是伴随着现代城市的高速发展而来的，我国正处于城市化建设高峰期，这一问题也在业内引起了高度重视。

1.相关法律法规机制

自20世纪80年代以来，国务院、全国人大常委会、建设部等相继出台了诸如《城市市容和环境卫生管理条例》《中华人民共和国固体废物污染环境防治法》《城市建筑垃圾管理规定》等一系列法律和地方性政策法规。2009年，住房和城乡建设部颁布《建筑垃圾处理技术规范》。近年来有关城市建筑垃圾处理的相关法规和标准不断修订，建筑及建材行业也不断修正行业标准，以保证建筑垃圾管理与处置过程有法可依。

建筑垃圾的回收再利用是处理垃圾、保护环境、节约资源的最佳选择。建筑垃圾经过有效的资源化处理，其95%的成分可以达到工程标准并应用于工程建设之中。为此，国务院及其他部门以及地方各级政府先后出台了关于建筑垃圾回收利用的法律法规以及指导性规范。2009年12月26日，第十一届全国人民代表大会常务委员会第十二次会议通过了《关于修改〈中华人民共和国可再生能源法〉的决定》，《中华人民共和国可再生能源法（修正案）》现已颁布实施。该法第二章第八条规定：国务院能源主管部门会同国务院有关部门，根据全国可再生能源开发利用中长期总量目标和可再生能源技术发展状况，编制全国可再生能源开发利用规划；省、自治区、直辖市人民政府管理能源工作的部门会同本级人民政府有关部门，依据全国可再生能源开发利用规划和本行政区域可再生能源开发利用中长期目标，编制本行政区域可再生能源开发利用规划。第九条对编制可再生能源开发利用规划提出了基本原则，即因地制宜、统筹兼顾、合理布局、有序发展。而后，各部门逐渐加快了立法进程，充分发挥法律规范的调整作用。

2.城市建筑垃圾回收利用现状

目前，限于技术原因，我国城市建筑垃圾回收利用率较低，而且不同城市的垃圾回收率存在较大反差。根据国务院指示，中央机构编制委员会办公室已明文确定关于建筑垃圾资源化再利用各部门的职责分工，其中工业和信息化部负责制定利用建筑垃圾生产建材的政策、标准和产业专项规划，组织开展建筑垃圾资源化再利用技术及装备研发，参与制定产业扶持政策。部分地区出台了较为灵活的法规，采用特许经营方式等手段推动建筑垃圾资源化利用的开展，当地的建筑垃圾资源化利用率已达到50%以上，利用建筑垃圾生产再生砖、无机混合料、再生骨料混凝土等各种建材产品，应用在建筑工程中最多达20年以上，且并未发现问题。

然而，我国城市垃圾回收利用率整体不容乐观。整体建筑垃圾资源化利用率实际不足1%，而且主要产品形式仅限为再生砖等砌体结构，目前在全国范围内建筑垃圾的主要处置方式仍是填埋与堆放。这些处理方式极易污染水源、侵占耕地、影响市容，也增加了后期建设的难度。

城市建筑垃圾采取粗放型的处理模式是严重阻碍垃圾有效回收利用的因素之一。在旧城改造过程中，先由专业或非专业的拆迁公司将报废工程整体拆除，并将其中部分有重复利用价值的建筑垃圾如门窗、钢材等回收，然后再由拾荒人员将部分可变卖的垃圾进行拣选清理，但是这种回收方式实际利用率极低。拆迁建筑垃圾非常适宜资源化应用，但是由于中间运费问题，顾及短期利益，就普遍存在着随意倾倒的问题。随着这一问题的影响日益深入，业内存在的体制问题也逐渐暴露出来。

3.城市建筑垃圾回收利用的管理现状

目前，我国城市垃圾管理制度体系虽然逐步健全，但是对城市建筑垃圾的管理与处理方式仍然存在诸多不足，主要体现在以下几个方面。

（1）建筑垃圾流向缺乏监管

造成这一现象主要与城市管理制度有关。城市旧房拆迁和新建工程开工许可的审批管理部门为城市建设局，而城市建筑垃圾消纳许可、运输许可由市容园林局归属管理。由于这些环节所涉及的管理部门较多，部门间缺乏沟通协调，在一定程度上削弱了监管力度，导致某些建筑垃圾流向失控，甚至处于无人管理状态。

（2）再生建筑材料难以推广应用

目前我国再生建筑材料行业处于起步状态，生产规模较小，产品影响力不足，业内对再生材料认可度不高。再生材料虽然技术成熟，但由于成本普遍较高，部分力学指标的测试有待进一步论证，施工单位对再生材料的使用尚存疑虑，导致再生建筑材料市场占有率不高。

（3）建筑垃圾拣选精度不足

部分建筑垃圾没有经过拣选就直接堆放，有些垃圾只拣选了一部分钢材、木板，而较少对混凝土块等砌体结构或者散粒状物质按不同粒径进行分选。有些建筑垃圾堆放场所不具备专业设施和技术人员，导致拣选工作几乎无法进行。我国不同城市建筑垃圾利用率存在较大悬殊。例如，上海等发达城市的垃圾回收率高达90%，河南省许昌市，河北省邯郸市、邢台市，四川震区都江堰市等少数城市利用建筑垃圾生产建材，其垃圾综合利用率甚至高达100%，而其他城市的垃圾资源化利用率仅为5%左右。

三、农村建筑垃圾

（一）农村建筑垃圾特点

1.农村建筑垃圾有相当一部分来自周边城市

农村人口相对于城市而言比较分散，经济发展水平较为低下，工程建设限于农村道路桥梁和住宅而较少涉及大规模拆建。因此，长期以来，农村地区一直成为建筑垃圾的倾倒场地，主要是因为农村建筑施工单位或者个人环保理念不强，监管监督体制不健全，而且缺乏相应的建筑垃圾消纳设备和技术，使得农村广阔的道路和农田成为建筑垃圾随意倾倒的场所。

2.农村建筑垃圾回收利用率更低

城市建筑垃圾在农村长期堆放，处于无人管理状态，施工单位为降低成本，不会优先使用建筑垃圾再生材料。堆放过程中仅有零星的拾荒人员拣选其中的钢筋、塑料等，而大部分废旧混凝土无法得到利用。有些农村公路直接利用这些建筑垃圾作为路基路床填料，但由于未经科学的处理，也会对在建公路使用寿命造成潜在的威胁。

3.农村建筑垃圾的堆放严重影响农村生态环境

其中的某些有机质或腐殖质在降解过程中会产生刺激性气体，垃圾的焚烧会产生大量致癌物质分散于空气中，降低空气质量。某些有毒有害物质经过地表径流进入沟渠、农田等水体中，污染地下水和灌溉用水，进而污染土壤，降低土壤肥力，影响农作物生长。这些危害的作用是长期的，一经发现可能已经造成了不可挽回的经济损失，而且治理过程更为困难。

4.农村建筑垃圾具有更广阔的应用前景

农村有充足的劳动力和宽阔的处理场地，一旦建筑垃圾资源化处理形成产业，其经济效益非常可观。在远离市中心的周边农村建立大型建筑垃圾无害化处理工厂，可以带动农村经济发展，极大地节约资源，有力调节农村和城市的生态环境。

（二）农村建筑垃圾资源化处理方法

长期以来，农村建筑垃圾处理的传统方法有焚烧、作为民用住宅或农村公路的回填料、就近堆放等。这种盲目的处理方法不仅没有节约资源、降低成本，反而造成了生态破坏。为促进农村建筑垃圾科学地进行资源化处理，本书提出以下处理方法。

利用废旧混凝土制备再生骨料。据估算，每生产1t水泥熟料将产生1tCO$_2$。我国水泥产量现居世界首位，但是大量的原料消耗和废气排放使环境不堪重负，如果能对混凝土进行二次利用，则能显著降低资源消耗。研究表明，废旧混凝土中包含大量未水化部分，经过筛选、破碎、研磨等工序制备的再生混凝土骨料，在取代率合适的情况下，具有较好的强度和耐久性。

分选后作为建筑地基或路基路床填料。建筑垃圾成分复杂，各成分之间不具有很好的相容性，不可直接作为建筑地基或路基路床填料使用。对其中的碎砖瓦、废旧混凝土进行多次破碎，按照不同粒径等级进行筛选，剔除其中的杂物，全部或者部分代替天然骨料，可作为理想的回填料。再生混凝土的弹性模量较低，一般为基体混凝土的70%～80%。因为其弹性模量低，则变形能力较大，具有较好的延伸性，因而再生混凝土抗裂性能优于基体混凝土。由此可见，再生混凝土的性能可以满足公路施工要求，可用于公路路面基层。也可以利用其中粒径较小的散粒状物质部分取代砂，用于砌筑砂浆、抹灰砂浆、打混凝土垫层等，还可以用于制备再生砌块、铺道砖、透水砖等再生建材制品。另外，再生混凝土的孔隙率较大，具有较好的保温隔热性能，同时，由于其自重低，可以有效降低结构自重，提高构件的抗震性能。

对拣选后的其他成分分别加以利用。例如，其中的废旧玻璃可回收制备微晶玻璃，或者重熔后制备玻璃纤维。部分金属回炉加工成不同规格的钢材，废旧竹木也可以制备人造木材和纤维板。工程渣土和弃土用于回填、复垦、堆山造景、园林绿化等。

（三）建立健全农村建筑垃圾资源化处理机制

在社会主义新农村建设过程中，农村若要摆脱长期作为城市垃圾倾倒场地的困境，就必须尽快建立健全一套农村建筑垃圾资源化处理的机制，结束农村建筑垃圾无人管理的状态，使农村建筑垃圾处理规范化、制度化，确定每个环节的责任归属，保证垃圾资源化处理流程不断流、不盲目。

虽然我国近些年相继出台了一系列关于建筑垃圾处理的法律法规，但各级主管部门将执法重心放在城市，而对周边农村执法力度明显不足。基层群众环保意识薄弱，对建筑垃圾的危害即使知晓却无能为力，这就造成了农村长期消纳不同来源的建筑垃圾的局面。为摆脱这一尴尬局面，政府需要出台灵活的管理政策，使政府监督与基层群众民主自治有机结合，建立鼓励机制，加大建筑垃圾资源化处理投资，贯彻《固体废物污染环境防治法》中关于"农村生活垃圾污染环境防治的具体办法，由地方性法规规定"的精神，严格执行《市政公用事业特许经营管理办法》，规范生活垃圾处理特许经营制度，加强农村垃圾项目特许经营权招投标管理，在管理过程中做到政府积极监督，群众踊跃参与才能促进建筑垃圾资源化处理产业的发展。

在新型农村建筑垃圾管理模式上，为解决农村建筑垃圾资源化缺乏经费支持的问题，可以采取政府出资和社会筹资结合；企业适当为农村提供技术支持，并根据"以工代酬"的方式吸纳农村留守劳动力；也可以借鉴国内外先进经验，如实行垃圾管理承包责任制、垃圾收费管理制，开辟农村建筑垃圾管理新模式，协调城乡发展，带动区域经济，加快城乡一体化进程。

第二节 建筑垃圾应用与处理

一、建筑垃圾应用

建筑行业是耗用自然资源最高的一个行业。我国水泥产量已连续二十余年位居世界第一位，目前约占世界水泥年总产量的二分之一。为生产混凝土，我国每年要消耗砂石30亿吨，砖瓦企业每年烧制标准砖7000亿块，相当于毁地100万亩。全国每年仅新建住宅建筑垃圾排放量就达4000万吨以上，旧建筑物的拆除或改造也产生近8亿吨的垃圾。大规模的城市建设过程中产生大量的建筑垃圾，如何实现建筑垃圾的资源化、走可持续发展道路是建材及建筑行业必须攻克的难题。综合来看，建筑垃圾中有15%可经处置后生成再生建筑材料，80%的挖槽土方可用作工程回填、铺设道路、绿地基质等，只有5%左右的有害有毒弃料和装修垃圾暂时没有再生利用价值。

（一）建筑垃圾清运

建筑垃圾清运是对其进行回收的前提。对于在建工程，自项目开工到竣工的任何时间段都会有垃圾产生。及时合理地对垃圾进行分类清运，既能减少材料浪费，又能保持建筑场地整洁有序，有利于施工人员和机械的调配，从而提高施工效率。尤其是对于工程渣土和需要换填的原位土，开挖后要及时清运；严禁在施工场地长时间堆放，否则会增加建筑物地基的附加应力，引起地基破坏。施工场地产生的垃圾以废料为主，这些原料不会造成很大的环境污染，部分废料可由人工收集后直接利用。但是沙土类散粒状材料遇风扬尘，危害空气质量。可吸入颗粒易引发呼吸道感染等疾病，严重损害人类健康。

对于拆建改建工程，垃圾清运过程就是清理施工场地的过程。建筑物（构筑物）在服役期满后，或者遇到安全隐患以及新的市政规划必须拆除时，其主体结构的任何一部分都有可能成为建筑垃圾。建筑拆除时为节约时间，往往采取用挖掘机或推土机整体破坏式拆除，在人口密度不大的地区也有采取定点爆破拆除的。这种粗暴拆除方式使产生的垃圾成分混杂、粒径不一，钢筋混凝土、砖瓦碎片、预制梁板柱等堆积在一起，只能使用自卸汽车、挖土机等清运。这个过程对垃圾的回收也是有限的，仅仅是针对骨架中裸露出来的钢筋、木材以及一部分造型完好的预制板、合金门窗等进行回收，实际上，这种回收率不足1%。部分垃圾焚烧过程只针对易燃、无毒无害的建筑垃圾有效，发酵处理过程也只针对有机物或含有较多腐殖质的成分有效。而其主要组成部分——混凝土块、石块、碎砖瓦、废旧沥青等往往直接被运离施工场地，或在就近农村堆放，或就近填埋，依然得不到充分利用。

（二）建筑垃圾分选

对不同成分的建筑垃圾进行分选是综合利用建筑垃圾的必要步骤。建筑垃圾成分复杂，而且不同时期不同功能的建筑物，其成分有较大差异。我国20世纪50年代以前的建筑物，主要以砖、石、木材为结构材料，石灰砂浆砌筑与抹面。到了60年代至80年代，则以混凝土、砖瓦为主要材料，这部分建筑也是现在城市建设过程中拆除建筑物的主体。90年代以后，由于新型建筑材料的大量应用，建筑物的组成材料趋向多元化，尤其是化学建材的广泛应用，在建材行业产生了一场意义深远的技术革命。但从总量上看，混凝土与各种水泥制品、砖瓦、陶瓷等烧黏土制品仍占主导地位。道路桥梁方面的差异就更为明显。20世纪50年代以前国内的道路桥梁建设发展缓慢，结构材料也较为单一，多为天然石块或烧制砌块，道路质量较差，桥梁跨度和承载力也较小，这些构筑物现已逐步拆除完毕。从近年拆除建筑物的垃圾组成上看，混凝土、砂浆片占30%~40%，砖瓦占35%~45%，陶瓷、玻璃占5%~8%，其余约占10%。而新建工程中的施工垃圾主要是在建筑过程中产生的剩余混凝土砂浆、碎砖瓦、陶瓷边角料、废木材、废纸等。

建筑垃圾的分选主要包括现场分选和处理厂分选两个过程。

现场分选一般只选出建筑物中已拆除或易拆卸的有价值部分，这些拆除物成色较新，功能基本完好，大部分流入二手市场。比如完整的预制板、砌块，玻璃以及陶瓷等，某些钢筋骨架、棚架等运往废品收购站，部分金属或者合金分选后可以回炉重新冶炼。但是现场分选只注重实用价值，而不能达到资源化处理垃圾的目的，况且实际回收率不高。

处理厂分选是较为完善的分选措施。因为建筑垃圾处理厂有全套高性能处理设备和专业的技术人员，对垃圾的分选过程比较彻底。新引进的建筑垃圾主要是废旧混凝土，其中夹带有钢筋、木材等，可集中堆存。先用重型吊车夯击，再配合人工锤击，使混凝土块初步破碎，分离出钢筋，送冶炼厂回炉。对于粗大混凝土块，可采用颚式破碎机进行多级破碎，再按照粒径分选，将废混凝土分选成不同粒级的碎骨料备用。

（三）建筑垃圾破碎与筛分

建筑垃圾破碎工序主要是针对混凝土块和碎砖瓦等大体积高强度成分。目前广泛采用的是多级破碎处理。

多级破碎处理是根据骨料性质、粒度大小、要求的破碎比、生产规模以及使用的破碎机械等确定破碎级数使骨料达到合适的粒径。破碎系统的级数主要取决于骨料破碎比与破碎机的类型。目前主要使用的破碎机类型有颚式破碎机、反击式破碎机、圆锥式破碎机等。破碎后的骨料再经进一步分选，采用电磁除铁器等拣出钢铁成分，酸洗或者水洗后返厂回炉。经多级破碎后的骨料粒径逐渐均匀，可分级筛选。筛选过程可采用振动筛等机械设备将不同粒径骨料归类放置。不同粒径的骨料经加工拌合后可部分或全部取代原材料：如直径小于1mm的沙石，可作砌筑或抹面砂浆；直径1~5mm的沙石，可制备保温隔热砖；直径在5mm以上的沙石，可以作为混凝土搅拌粗骨料等。

二、建筑垃圾处理

我国大规模的城市建设，带动了建筑建材行业的飞速发展，但随之而来的能源危机日益加剧。建筑建材行业是目前为止对不可再生资源消耗最大的产业，我国城市化发展要走可持续发展道路，就必须采取措施遏制能源消耗速度，大力推动建筑垃圾资源化。

（一）传统处理方法

1.填埋法

对于建筑垃圾中的天然渣土、混凝土材料（水泥砂浆、轻骨料混凝土、水泥基材料预制构件等）、烧结类材料（烧结砖瓦、陶瓷等）、天然石材或者人工石材，其中有毒有害部分被剔除后，原则上可以用填埋法处理，在实际操作中也通常是这样处理的。虽然这种处理方式不会造成较大的环境污染，但却违背了建筑垃圾资源化的基本理念，即尽量穷尽现代化技术，经济合理地处理建筑垃圾，使之实现最大限度上的再利用，以达到节约资源能源并收到较好的经济效益的目的。对于确实无法利用的部分，再用非资源化处理方法对待。工程实践经常采用这种处理方法，是为了减少运输、分选等过程的处理费用。在建筑垃圾的运输方面，工程渣土建议采用载重量大于10吨的渣土运输车，装修和拆建垃圾建议采用载重量为5～10吨的运输车。受垃圾处理场地距离的制约，如果运输费用过高，必然造成施工单位就近填埋处置。其次还有垃圾分选处理费用较高、缺乏处理设备和专业技术人员、处理过程经济代价高、处理效果不理想等综合因素作用。

2.焚烧法

对于一部分生活垃圾可以采取焚烧法杀死细菌和病毒，以消灭传染源，但是对于建筑垃圾，其中大部分是不可燃材料，况且可燃材料如泡沫橡胶等容易产生有毒有害气体，造成严重的大气污染。因此建筑垃圾不建议采用焚烧法。

3.自然堆放

在城市建设的初期阶段，由于缺乏资源再生理念和环保意识，较多采用自然堆放法，将其弃置于河流、洼地、荒地甚至海洋中，而不加任何防护措施使之自然腐化发酵，但是这种处理方法带来了极大的生态破坏，现在已被许多国家禁止，而我国目前还有少数偏远城市沿用这一方法。

（二）新型处理方法

1.发酵堆肥

建筑垃圾通常和一般生活垃圾混杂在一起，在有效的控制条件下，利用微生物将其中的有机质分解，使之转化成为具有稳定腐殖质的有机肥料，既可以消灭垃圾中的病菌和寄生虫，又可以得到绿色有机肥。经过堆肥化过程，垃圾的体积可以减小至原来体积的50%~70%。但是目前由于缺乏必要的控制措施和发酵技术，仅对一部分污染较小的生活垃圾应用这种处理方式，况且堆肥化成本较高、销路不畅，也制约了这种技术的发展。从资源化角度看，这种垃圾处理方式能显著降低环境污染，如果能采取有效的技术降低成本，这种新型的垃圾处理技术值得推广。

2.热解

建筑垃圾在缺氧的条件下，其中的有机物受热分解，转化为液体或气体燃料，并残留少量惰性固体废渣，这种新型无害化处理方式非常适用于城市建筑垃圾中的有机质部分处理。热解减容量达到60%~80%，污染小，能充分回收利用资源。但热解技术处于工程起步阶段，处理过程费用高，处理量较小，这种技术利用并不广泛，但无疑是未来较有前途的建筑垃圾资源化处理方式。

随着化学工艺和生物工程技术的发展，固体废物的生物降解和厌氧发酵，以及有色金属和重金属的回收处理技术得到了长足发展。应该在发展高新技术的基础上显著降低成本，提高经济效益以及缩短资源化处理周期，建筑垃圾资源化的观念才能被广泛接纳。

（三）灾后重建处理方法

我国是遭受自然灾害较为严重的国家，我国境内主要的自然灾害有地震、泥石流、旱涝灾害等。其中，地震、泥石流和洪涝灾害较易产生大量建筑垃圾，在灾后重建过程中，建筑垃圾资源化处理的问题就成为一个比较棘

81

手的问题。

2008年，四川汶川发生里氏8.0级特大地震。此次地震烈度在Ⅵ度以上的面积为440442km²，中心烈度达到Ⅺ度，仅重灾区和极重灾区县市就达51个，造成居民住房倒塌的面积达到12597.5万平方米，严重受损房屋15268.4万平方米，损毁公路里程34125km。据估算，汶川大地震产生的建筑垃圾达6亿t。在我国1976年唐山大地震后，市中心产生近2000万立方米建筑垃圾，废墟清理工作直到1986年底才基本完成，工程持续将近10年。但从总体上看，我国震后建筑垃圾利用率并不高。

震后建筑垃圾的回收利用直接关乎震区重建的成本和效益。鉴于震区情况的特殊性，建议采取以下几种方法处理。

1.直接用作回填材料

对于成分不太复杂或者含有较少腐殖质的建筑垃圾，可经过简单拣选后用作路基回填材料。震区公路道路损毁严重，及时抢修公路，保障救援队伍通行顺畅是关键，所以在公路等级要求不严格的情况下，可将一部分建筑垃圾直接回填，主要是为了减少清运费用和利于灾后重建。

2.制备再生骨料

震区道路、桥梁、民用住宅的修复与重建是灾后的首要问题。为保障震区受灾人口及时搬迁加快基础设施建设进度、降低灾后重建成本，必须对一部分建筑垃圾再生利用。建筑垃圾中的熟料在水泥的作用下，其活性已经发生了改变，在配制生料进行煅烧时，化学反应能更加顺利地进行。

3.完整砌块直接利用

震区建筑物受到地震波的作用，部分直接倒塌，还有相当一部分仅是结构受到严重破坏而被迫拆除，其中有大部分完整砌块可以直接利用。砌块经水泥砂浆等成分胶结后，即使经受较强冲击荷载，其力学性能通常不会完全丧失，所以将这部分砌块经过分选后，与新砌块混合使用，直接用于民用住宅的砌筑，可以显著节约材料成本，有利于加快震区重建工程的进度。

泥石流、洪涝灾害通常产生较多淤泥和渣土类垃圾，其中夹杂着部分粒径不一的石块，其细度模数和含水率如果能达到道路路基施工工程技术要求，可以直接用于要求不高的三四级公路的路基路床回填料。

三、建筑垃圾应用与处理设备和技术

（一）建筑垃圾分选设备和技术

分选是对建筑垃圾进行分类回收的前提，分选设备的精度决定着垃圾回收利用率的高低。建筑垃圾产生后，分选过程分为两类：一类是就地分选，另一类是集中运到垃圾处理中心后分选。目前建筑垃圾分选设备和技术主要有以下几种。

1.风选设备和技术

风力分选是对固体垃圾进行重力分选的一种常用方法。其以空气为分选介质，在气流作用下使固体废物按密度和粒度大小进行分选，风力分选过程是以各种固体颗粒在空气中的沉降规律为基础的。风选技术的主要设备是风选机，由主机、风机、分离器、集粉器、除尘器等部分组成，一般兼有破碎功能，可一次性将骨料破碎成粉粒状。给料细度一般为10~25mm，出料细度可以调节，对于建筑垃圾中的废旧混凝土颗粒以及废旧瓷片、玻璃片等尤其适用。

2.磁选设备和技术

磁选技术是对金属物料进行分离的一种方法，目前此技术广泛应用于矿物加工、有色金属选矿、重介质选煤中介质的回收领域。在建筑垃圾处理方面，磁选技术可以应用于分选金属废料回收钢材等处理步骤。磁选设备分为强磁选设备和弱磁选设备两类，根据分选料的含水率不同又分为干式磁选设备和湿式磁选设备。目前磁选设备朝着大型化、智能化方向发展，利用多力场的分选效应，强化了分选过程，提高了分选精度。有些设备采用新型磁性材料应用辅助磁极，设计复合磁系，使工作效率大大提高，这一技术值得在建筑垃圾资源化处理行业推广。

3.色选设备和技术

光电色选机是根据材料光学特性的差异，利用光电识别技术将不同颜色的颗粒材料自动分选出来的设备。这种设备综合应用了现代光学、电子学、生物学等新技术，是典型的光、机、电一体化的高新技术设备，可以有效地将散体物料品质检测和分级筛选，目前主要用于粮食谷物、颜料化工等行业。设备主要由供料系统、光学系统、分选系统组成，其中光学系统又分为单色光检测光学系统和双色光检测光学系统。这种技术已经相当成熟且有智能化的特点，应该在建筑垃圾分选阶段广泛应用。

4.弹跳分选设备和技术

摩擦弹跳分选设备是根据材料摩擦系数或碰撞恢复系数的差异进行分选的特殊设备，目前主要用于选矿领域。可以对摩擦系数，反弹比、形状、比重不同的块状或颗粒状物质进行分选。根据给料斜面不同，设备可分为固定斜面分选机、螺旋分选机等。这一设备可以用于分离建筑垃圾中的无机材料。

除以上设备和技术之外，许多高效分选技术也可以应用于建筑垃圾资源化领域，如用于分选有色金属的涡电流分选设备，用于垃圾厌氧消化的前处理工艺的水力分选设备等。

（二）建筑垃圾破碎筛分设备和技术

经过分选后的建筑垃圾只是对不同物质进行了分类集中，其中的各部分粒径大小不一，尚不能直接利用，尤其是对于废旧混凝土和废旧沥青等成分，需要进行破碎筛分处理。目前该领域主要运用的是大型集成式移动破碎站设备。按破碎粒径分布主要有粗碎移动式破碎站、中碎移动式破碎站、移动式筛分站三种。

1.一体化移动破碎站

移动破碎站是集振动给料机、破碎机、筛分系统、杂物分拣装置和传送机构等于一体，并配以行走机构，是一个移动的生产线。振动给料机的作用是减缓给料过程对破碎机的工作装置造成的冲击，可以达到均匀给料、改善破碎机的工作条件等作用。一般选用棒条给料机，在物料受到振动，向前滑动进入破碎机前，其中颗粒较小的建筑垃圾会从棒条的间隙之间滑落，起到筛分作用。

2.挤压破碎与颚式破碎机

挤压破碎是指建筑废弃物在两个相对运动的硬面之间受挤压作用而发生的破碎，如我们比较常见的颚式破碎机就是利用挤压原理设计的。颚式破碎机是一种古老的破碎设备，但由于构造简单、工作可靠、制造容易、维修方便，特别适用于坚硬和中硬废物的破碎，因此该方法广泛应用于破碎以废混凝土块、废砖块为主的建筑废弃物。

3.剪切破碎与剪切式破碎机

剪切破碎是指建筑废弃物在剪切作用下发生的破碎，是利用可动刀与固定刀或可动刀与可动刀之间的剪切来进行破碎的，剪切作用包括劈开、撕破和折断等。因剪切式破碎机的剪切刀容易受损，故不适合破碎大量含有废混凝土块、废砖块、废钢筋的建筑废弃物，但特别适合处理建筑废弃物中的废橡胶、废塑料等一些软质物和其他延性物。

4.冲击破碎与锤式破碎机

冲击破碎有重力冲击和动冲击两种形式。重力冲击是废物落到一个坚硬的表面上而发生的破碎，就像废弃玻璃瓶跌落到混凝土地面上发生的破碎一样。动冲击是使废物获得足够的动能，并碰到一个比它坚硬的快速旋转的表面时而产生冲击破碎作用。在动冲击破碎过程中，废物是无支撑的，冲击力使破碎的颗粒向各个方向加速，如锤式破碎机利用的就是动冲击的原理。

5.摩擦破碎与球磨机

摩擦破碎是指建筑废弃物在两个相对运动的硬面摩擦作用下破碎。如碾磨机是借助旋转磨轮沿环形底盘的碾压作用来连续摩擦压碎和磨削建筑废弃物的。

圆筒形球磨机在细磨中应用较为广泛，也特别适合建筑废弃物中废玻璃、建筑粉尘的细磨和再生骨料的颗粒整形等。它主要由圆柱筒体、端盖、中空轴颈、轴承和传动大齿圈等部件组成。筒体内装有直径为25～150mm的钢球（或卵石），其装入量是整个筒体有效容积的25%～50%。筒体内壁设有衬板，除防止筒体磨损外，兼有提升钢球（或卵石）的作用。筒体两端的中空轴颈有两个作用：一是起轴颈的支撑作用，使球磨机的全部重量经中空轴颈传给轴承和机座；二是起给料和排料的漏斗作用。电动机通过联轴器和小齿轮带动大齿轮和筒体以一定转速转动。

第三节 建筑垃圾资源化利用必要性

一、国外建筑废弃物资源化利用现状

自20世纪90年代以来，世界上许多国家，特别是发达国家，已把城市建筑废弃物减量化和资源化处理作为环境保护和可持续发展的战略目标之一。在综合利用建筑废弃物方面，欧美许多发达国家和亚洲的日本、韩国等开展得较早，经过数十年的发展和完善，有些发达国家建筑废弃物的再生利用率已在90%以上。这些国家凭借经济实力与科技优势实行建筑废弃物源头消减策略，即在建筑废弃物形成之前，就通过科学管理和有效控制将其减量化，对于产生的建筑废弃物则采用科学手段，使其成为再生资源。

（一）日本

日本部分地区的建筑废弃物再利用率达到100%。

日本国土面积小，资源相对匮乏，因此，他们将建筑废弃物视为建筑副产品，十分重视将其作为可再生资源而重新开发利用。

过去几十年，日本先后出台了《推进建筑副产物正确处理纲要》《建筑废弃物对策行动计划》《建设再循环法》《建设再循环指导方针》《再生骨料和再生混凝土使用规范》《废弃物处理指定设施配备的有关法律》《资源重新利用促进法》《再循环法》《废弃物处理法》《绿色采购法》等与建筑废弃物资源化利用相关的法律、法规和制度，并相继在各地建立了以处理混凝土废弃物为主的再生加工厂，生产再生水泥和再生骨料，生产规模最大的可加工生产100t/h。日本对于建筑废弃物的主导方针是：尽可能不从施工现场排出建筑废弃物，建筑废弃物要尽可能地重新利用，对于重新利用有困难的则应适当予以处理。早在1988年，东京的建筑废弃物再利用率就达到了56%。在日本部分地区，建筑废弃物再利用率已达到100%。

（二）韩国

韩国立法要求使用建筑废弃物再生产品。

韩国2003年制定了《建设废弃物再生促进法》。《建设废弃物再生促进法》明确了政府、排放者和建筑废弃物处理商的义务，明确了对建筑废弃物处理企业资本、规模、设施、设备、技术能力的要求。更重要的是，《建设废弃物再生促进法》规定了建设工程义务使用建筑废弃物再生产品的范围和数量，明确了未按规定使用建筑废弃物再生产品将受到哪些处罚。

韩国的人善ENT公司是一家专门生产再生骨料的公司，该公司的主要业务为收集、运输建筑废弃物和生产再生骨料。其生产的再生骨料可分为普通骨料和优质骨料，粒径为5~40mm。普通骨料可用于铺路，优质骨料可按一定比例混入混凝土生产。人善ENT公司的办公建筑就有30%使用了自己生产的再生骨料，并且经有关部门检测，该建筑完全符合建筑有关标准的要求。

（三）美国

美国5%的建筑骨料是建筑废弃物再生骨料。

美国每年有1亿吨废弃混凝土被加工成骨料用于工程建设，通过这种方式实现了再利用。据悉，再生骨料占美国建筑骨料使用总量的5%。在美国，68%的再生骨料被用于道路基础建设，6%被用于搅拌混凝土，9%被用于搅拌沥青混凝土，3%被用于边坡防护，7%被用于回填基坑，7%被用在其他地方。

美国早在1976年就颁布实施了《资源保护回收法》，并提出：没有废弃物，只有放错地方的资源。美国制定的《超级基金法》规定：任何生产有工业废弃物的企业，必须自行妥善处理，不得擅自随意倾倒。

美国每年产生的建筑废弃物约3.25亿吨。美国对建筑废弃物的综合利用分三个级别：一是低级利用，如现场分拣利用，一般性回填等，占建筑废弃物总量的50%~60%；二是中级利用，如用作建筑物或道路的基础材料，经处理厂加工成骨料，再制成各种建筑用砖、低标号水泥等，约占建筑废弃物总量的40%；三是高级利用，如将建筑废弃物还原成水泥、沥青等再利用。但由于技术和成本关系，建筑废弃物高级利用部分所占比例很少。

美国住宅营造商协会正在推广一种"资源保护屋"，其墙壁是用回收的轮胎和铝合金废料建成的，屋架所用的大部分钢料是从建筑工地上回收来的，所用的板材是锯末和碎木料加上20%的聚乙烯制成的，屋面的主要原料是旧的报纸和纸板箱。美国的塞克林公司（CYCLEAN）采用微波技术，可以百分之百地回收利用再生旧沥青路面料，其质量与新拌沥青路面料相同，而成本可降低1/3。同时节约了废弃物清运和处理等费用，大大减轻了城市的环境污染。

（四）法国

法国建筑科学技术中心（CSTB）是欧洲首屈一指的"废物及建筑业"集团，专门运营欧洲的"废物及建筑业"业务。

公司提出的废物管理整体方案有两大目标：一是通过对新设计建筑产品的环保特性进行研究，从源头控制工地废物的产量；二是在施工、改善及清拆工程中，通过对工地废物的生产及收集做出预测评估，以确定有关的回收应用程序，从而提升废物管理层次。该公司以强大的数据库为基础，使用应用软件对建筑废弃物进行从产生到处理的全过程分析控制，以协助在建筑物使用寿命期内的不同阶段做出决策。

（五）荷兰

据了解，在荷兰，建筑业每年产生的废物大约为1400万吨，大多数是拆毁和改造旧建筑物的产物（石块、金属、塑料和木材的杂乱物）。目前，已有70%的建筑废弃物可以被再循环利用，但是荷兰政府希望将这个数字增加到90%。因此，他们制定了一系列法律，建立限制废物的倾倒处理、强制再循环运行的质量控制制度。

荷兰建筑废弃物循环再利用的重要副产品是筛砂，产量大约100万t/a。砂很容易被污染，其再利用是有限制的。为此，荷兰采用了砂再循环网络，由分拣公司负责有效筛砂：依照它的污染水平分类，储存干净的砂，清理被污染的砂。

（六）德国

德国建筑废弃物消纳企业的年营业额为20亿欧元。

1945年后，德国面临大规模建设，建筑材料需求量很大。同时，很多建筑废弃物要从被战争摧毁的城市运走，城镇废砖总量达到400万~600万立方米。一边是巨大的建材缺口，一边是大量亟待清运的建筑废弃物，循环利用建筑废弃物无疑是最好的对策。

德国作为世界上最早推行环境标志的国家，其国内每个地区都有大型的建筑废弃物再加工综合工厂，德国在利用建筑废弃物制备再生骨料领域处于世界领先水平，经过长期的实际运作和不断改进，德国目前已经形成一套先进完善的制作工艺，并科学合理地配套了相应的机械设备对建筑废弃物进行循环利用，大大减少了建筑废弃物的外排数量，不仅节约了大量的清运费用，还为重建提供了大量的可用建材。德国西门子公司开发的干馏燃烧废弃物处理工艺，可将废弃物中的各种可再生材料十分干净地分离出来再回收利用，处理过程中产生的燃气则用于发电，废弃物经干馏燃烧处理后有害重金属物质仅剩下2~3kg/t，有效地解决了废弃物占用大片耕地的问题。德国政府将各种建筑废弃物的利用率做了规定，并对未处理利用的建筑弃物征收存放费。

（七）丹麦

丹麦的建筑废弃物再利用率达90%。

丹麦的废弃物处理体系建立在传统管理手段与各种经济手段相结合的基

础之上。1998~2004年，丹麦政府的建筑废弃物处理目标是：再利用率达到90%，对危害环境的废弃物进行分拣和单独收集，推广环境友好型设计。

（八）奥地利

奥地利建筑废弃物生成企业自行购置处理设备。

奥地利最大的特点是对建筑废弃物收取高额的处理费，提高资源消耗成本。另外，所有生成建筑废弃物的企业几乎都购置了建筑废弃物移动处理设备。

二、国内建筑废弃物资源化利用现状

建筑废弃物的处理和利用是一个系统工程，涉及生产、运输、处理、再利用各个层面，其中更是牵涉了住房与城乡建设、发展与改革、环保、工业与信息化等多个行政管理部门。只有所有的环节统一管理，协同配合，才能形成一个闭合的建筑废弃物处理链，真正实现建筑废弃物的再生利用。目前我国建筑垃圾资源化利用还处于起步阶段，面临资源化利用认识不到位、处理能力不足、处理水平不高、产业链不健全等一些亟待解决的问题，主要表现在以下四个方面。

（一）认识不到位

长期以来，我国对建筑垃圾再利用没有给予足够重视。在杭州，建筑垃圾严重超量问题已成为城市管理的顽疾，由此引发的市民投诉逐年增加。其原因有：①我们对建筑垃圾的管理和再利用不够重视，绝大多数的城市发展规划中没有建筑垃圾资源化利用的相关内容，其处理理念仍是简单的堆放或填埋；②缺乏建筑垃圾再生产品的国家政策法规与相关的检测、应用标准，相关宣传报道不足，导致公众对质优价廉的建筑垃圾再生产品不了解、不信任，再生产品的市场认可度不高。

（二）管理体制不健全

管理体制不健全体现在以下方面。一是缺少建筑垃圾资源化利用的总体规划。二是建筑垃圾的管理和资源化利用在地方上涉及住建、城管（市容和环卫）、发改、财政、工信、环保、交通、公安、规划、土地等多个部门，且各城市的主管部门不一、多头管理问题突出，缺少有效的管理协调体系。例如，北京市有9个部门负责建筑垃圾管理工作，其涉及部门之多、协调难度之大、影响范围之广让北京市的主要领导也感叹不已，成为建筑垃圾管理和资源化利用的主要障碍。三是没有形成建筑垃圾收集、分类、运输、加工、产品检测、市场应用推广的全过程监管体系。2007年以前，由于缺乏统一有效的监管体系，尽管许昌市有近十个涉及建筑垃圾的监管部门，但建筑垃圾清运秩序混乱，仅清运队伍就有十多个，城乡接合部成了建筑垃圾倾倒场地，导致堵塞道路、侵占农田、淤塞河道、污染环境等严重问题，引起老百姓的强烈不满。四是对建筑垃圾资源化利用企业的监管措施不完善。

（三）政策机制不完善

一是缺乏源头减排约束机制。多数发达国家均实行"建筑垃圾源头消减策略"，效果显著。我国建筑寿命普遍较短、拆除方式粗放，建筑垃圾乱运乱倒，导致建筑垃圾产生量大、资源化利用成本高。二是建筑垃圾资源化利用作为节能环保产业的重要内容，相应的财政、税收、金融等专项优惠政策不完善。三是法律体系不健全。没有建筑垃圾资源化利用专项法律，相关的《中华人民共和国固体废物污染环境防治法》《中华人民共和国循环经济促进法》等法律，没有涵盖建筑垃圾资源化利用从源头到末端的全部环节，缺少配套法规。四是标准体系不完善。除目前已发布和正在编制的10项产品标准和应用规程外，在拆除、分类、运输、处理以及生产等方面的标准几乎空白。五是建筑垃圾再生利用项目用地问题亟待解决。建筑垃圾资源化利用项目选址难、环评难，再加之投资意愿低，给地方政府带来的直接经济收益少，不能满足地方政府经济指标预期而不被重视，这在特大型和大型城市尤为突出。六是"禁实限粘"政策制约了工程弃土的资源化利用，造成了资源浪费。

（四）技术水平不高

影响建筑垃圾再生产品质量的主要原因是在建筑拆除过程中混入了泥土、木材、轻物质等杂质。在收集分类方面，绝大部分是混合收集后再分拣，效率很低。建筑垃圾的源头收集分类程度不高，不仅大量建筑垃圾未能有效利用，还导致建筑垃圾再生产品质量难以提高，处理成本增加。在工艺设备方面，没有建筑垃圾资源化利用的专业工业设计和技术研发单位，缺少处置工艺与装备的适用性研发与设计，缺少全面的应用技术与产业化示范。例如，目前建筑垃圾资源化利用企业基本沿用机制砂石的生产工艺和装备，缺乏高附加值的建筑垃圾再生利用成套工艺设备，影响正常生产和产品质量，效益低下。在再生产品方面，大部分建筑垃圾被粉碎、筛选后作为再生骨料直接出售，产品附加值低，没有实现效益最大化。在工程弃土的资源化利用中，参差不齐的技术和产品无序竞争，技术路线及产品形态千差万别，再加之缺乏产品标准，让使用方无所适从。

三、建筑垃圾的危害

建筑废弃物对我们生活环境的影响具有广泛性、模糊性和滞后性的特点。广泛性是客观的，但其模糊性和滞后性会降低人们对它的重视，造成生态地质环境的污染，严重损害城市环境卫生，恶化居住生活条件，阻碍城市的健康发展。

（一）占用土地、破坏土壤

目前我国绝大部分建筑废弃物未经处理而直接运往郊外堆放。据估计，每堆积1万t建筑废弃物约需占用67m²的土地。我国许多城市的近郊常常是建筑废弃物的堆放场所，建筑废弃物的堆放占用了大量的生产用地，从而进一步加剧了我国人多地少的矛盾。随着我国经济的发展，城市建设规模的扩大以及人们居住条件的提高，建筑废弃物的产生量会越来越大，如不及时有效地处理和利用，建筑废弃物侵占土地的问题会变得更加严重，甚至出现随意堆放的建筑废弃物侵占耕地、航道等现象。

此外，堆放建筑废弃物对土壤的破坏是极其严重的。露天堆放的城市建筑废弃物在外力作用下侵入附近的土壤，改变土壤的物质组成，破坏土壤的结构，降低土壤的生产力。建筑废弃物中重金属的含量较高，在多种因素作用下会发生化学反应，使得土壤中的重金属含量增加，引发农作物中重金属含量增加。

（二）污染水体

建筑废弃物在堆放和填埋过程中，由于发酵和雨水的淋浴、冲刷以及地表水和地下水的浸泡而渗滤出的污水（渗滤液或淋滤液），会造成周围地表水和地下水的严重污染。废砂浆和混凝土块中含有的大量水化硅酸钙和氢氧化钙、废石膏中含有的大量硫酸根离子、废金属料中含有的大量金属离子。同时废纸板和废木材自身发生厌氧降解产生木质素和单宁酸并分解生成有机酸，建筑废弃物产生的渗滤水一般为强碱性并且还有大量的重金属离子、硫化氢以及一定量的有机物。如不加控制让其流入江河、湖泊或渗入地下，就会导致地表和地下水的污染。水体被污染后会直接影响和危害水生生物的生存和水资源的利用。一旦饮用这种受污染的水，将会对人体健康造成很大的危害。

（三）污染空气

建筑废弃物在堆放过程中，在温度、水分等作用下，某些有机物质会发生分解，产生有害气体。例如，废石膏中含有大量硫酸根离子，硫酸根离子在厌氧条件下会转化成具有臭鸡蛋味的硫化氢；废纸板和废木材在厌氧条件下可溶出木质素和单宁酸，两者可生成挥发性的有机酸。废弃物中的细菌、粉尘随风吹扬飘散，造成对空气的污染。少量可燃性建筑废弃物在焚烧过程中又会产生有毒的致癌物质，造成对空气的二次污染。

（四）影响市容

目前我国建筑废弃物的综合利用率很低，许多地区建筑废弃物未经任何处理，便被运往郊外，采用露天堆放或简易填埋的方式进行处理。工程建设过程中未能及时转移的建筑废弃物往往成为城市的卫生死角，混有生活废弃物的城市建筑废弃物如不能进行适当的处理，一旦遇到雨天，脏水污物四溢、恶臭难闻，往往成为细菌的滋生地。而且建筑废弃物运输大多采用非封闭式运输车，不可避免地引起运输过程中的废弃物泄漏、粉尘和灰砂飞扬等问题，严重影响了城市的容貌。可以说城市建筑废弃物已成为损害城市绿地的重要因素，是市容的直接或间接破坏者。

（五）安全隐患

大多数城市建筑废弃物堆放地的选址具有随意性，留下了不少安全隐患。施工场地附近多成为建筑废弃物的临时堆放场所，由于只图施工方便和缺乏应有的防护措施，在外界因素的影响下，建筑废弃物堆出现崩塌、阻碍道路甚至冲向其他建筑物的现象时有发生。

第四节　建筑垃圾资源利用技术简介

一、废木材的处理与利用

（一）直接利用

建筑物拆迁产生的废旧木材，一部分可以直接重新利用，如较粗的立柱、梁、托梁以及本质较硬的橡木、红杉木、雪松。在废旧木材重新利用前，应考虑以下两个因素：①腐坏、表面涂漆和粗糙程度，②尚需拔除的钉子以及其他需清除的物质。废旧木材利用等级一般需做适当降低。对于建筑施工产生的多余木料（木条），清除其表面污染物后可根据其尺寸直接利用，而不用降低其使用等级，如加工成楼梯、室内地板、护壁板和饰条等。

（二）废木料用于生产黏土—木料—水泥复合材料

废木料还可用于生产黏土—木料—水泥复合材料，与普通混凝土相比，黏土—木料—水泥混凝土具有质量轻、导热系数小等优点，因而可做特殊的绝热材料使用。将废木料与黏土、水泥混合生产黏土—木料—水泥复合材料，可使复合材料的密度和导热系数进一步降低。

二、废旧塑料的综合利用

目前，随着新型建筑材料的大量应用，建筑物的组成材料趋向多元化，尤以化学建材的广泛应用为标志，这就必然会产生大量的废旧塑料，如果不妥善处理必然会造成较大的污染。所以，加强对废旧塑料资源的综合利用，不仅可以有效地减少"白色污染"，而且能够变废为宝，节约资源，保护环境。目前，我国对废旧塑料的处理途径主要有以下几种：焚烧法、卫生填埋法、热分解法、废旧塑料与其他材料复合技术。其中具有代表性的处理方法是废旧塑料的再生利用和废旧塑料与其他材料复合技术。

（一）废旧塑料的再生利用

废旧塑料的再生利用可分为直接再生利用和改性再生利用两大类。

1.废旧塑料的直接再生利用

废旧塑料的直接再生利用是指将废旧塑料经过清洗、塑化加工成型或与其他物质经过简单加工制成有用的制品。废旧塑料的这种直接再生制品已经广泛应用于农业、渔业、建筑业、工业等领域，目前我国废旧塑料的再生利用仍然具有广阔的前景。除了废旧PE（聚乙烯）外，其他废旧塑料制品如PP（聚丙烯）、PVC（聚氯乙烯）等同样可以采用直接利用生产再生料。如废PP制品中的编织袋、打包带、捆扎绳、仪表盘、保险杆等。

2.废旧塑料的改性再生利用

为了改善废旧塑料再生料的基本力学性能，满足专用制品的质量要求，可以采取物理或化学方法对废旧塑料进行改性（如复合、增强、接枝）以达到或超过原塑料制品的性能。废旧塑料的改性再利用具有较好的发展前景，越来越受到人们的重视。

（二）废旧塑料与其他材料复合技术

废旧塑料的性能虽然有所降低，但还存在塑料的基本性能。可以将废旧塑料和其他材料复合，形成具有新性能的复合材料，废旧塑料主要是利用塑料盒、锯末、木材枝杈、糠壳、稻壳、农作物秸秆、花生壳等以一定的比例混合，添加特制的黏合剂，经高温高压处理后制成结构型材，属于基础工业原料，可以直接挤出制品或将型材再装配成产品，如托盘或包装箱等。木塑复合材料集木材和塑料的优点于一身，不仅有像天然木材那样的外观，而且克服了木料的不足，具有防腐、防潮、防虫蛀、尺寸稳定性高、不开裂、不翘曲等优点。

我国对木塑复合材料技术也进行了多年的研究，并取得了一些阶段性的成果，但在如何保证拉伸、弯曲和冲击强度等物理机械性能同硬木相当的前提下，尽量提高生产效率，以满足大规模工业生产的需要以及如何保证木粉的高填充量，使制品具有较低的生产成本和较高的使用性能等，一直是摆在科研人员面前的课题。目前，木塑材料制造的关键问题主要有以下几个：一是塑料原料种类的选择及如何提高塑料与木粉之间的界面结合力；二是提高木粉在体系中分散的能力及产生足够的成型压力，在高填充量的前提下，如何确保树脂材料有高的流动性和渗透性，从而促使热塑性熔体能充分分散木粉，达到共同复合的力学性能及其他方面的实用性能；三是合理选择成型模具与冷却定型技术，提高挤出机的挤出量，提高木塑材料的生产效率。

三、废砖、瓦的综合利用

目前我国正在拆除的建筑大多是砖混结构，其中黏土砖在建筑垃圾中占有较大的比例，如果忽略了这部分垃圾的再生利用必然会造成较大的浪费和污染。建筑物拆除的废砖，如果块型比较完整，且黏附的砂浆比较容易剥离，通常可作为砖块回收并重新利用。如果块型已不完整，或与砂浆难以剥离，就要考虑其综合利用问题。废砂浆、碎砖石经破碎、过筛后与水泥按比例混合，再添加辅助材料，可制成轻质砌块、空（实）心砖、废渣混凝土多孔砖等，具有抗压强度高、耐磨、轻质、保温、隔声等优点，属环保产品。

第一，将碎砖适当破碎，制成轻骨料，用于制作轻骨料混凝土制品。青岛理工大学曾利用破碎的废砖制造多排孔轻质砌块，所用配合比为：水泥10%～20%，废砖（含砂浆）60%～80%，辅助材料10%～20%。采用机制成型，制品性能完全符合建筑墙体要求，市场供不应求。

第二，青岛理工大学将粒径小于5mm的碎砖与石灰粉、粉煤灰、激发剂拌和，压力成型，蒸压养护，形成蒸压砖。蒸压粉煤灰砖具有较高的强度及耐久性、抗裂性，其保温隔热性能优于黏土空心砖。

第三，废砖瓦替代天然骨料配置再生轻骨料混凝土。将废砖瓦破碎、筛分、粉磨所得的废砖粉在石灰、石膏或硅酸盐水泥熟料激发条件下，具有一定的活性。小于3cm的青砖颗粒表观密度为752kg/m³，红砖颗粒表观密度为900kg/m³，基本具备制作轻骨料的条件，再辅以表观密度较小的细骨料或粉体，制成具有承重、保温功能的结构轻骨料混凝土构件（板、砌块）、透气性便道砖及花格等水泥制品。

第四，废砖瓦在联合粉磨制砂设备中进行粉磨和选粉制备再生微粉。废砖瓦再生微粉的生产工艺包括下列四个主要工艺步骤：一是使用大型破碎机对大块建筑垃圾进行初级破碎，将大块垃圾破碎成较小的原材料碎块，通过砖混分离设备，分离出混凝土块并剥离垃圾中的残余钢筋，并对破碎后的垃圾碎块进行初级混合均化；二是通过磁选、风选和人工分拣等工艺对经过初级混合均化的建筑垃圾碎块进行洁净化处理，剔除其中的玻璃、塑料、木块、纺织物及金属质杂物，并通过筛分、水洗等工艺去除泥土，然后进行二级混合均化，得到基本洁净的建筑垃圾原料；三是使用专用破碎设备对初级破碎后的洁净建筑垃圾原材料进行二次加工，并通过筛分装置分离出符合使用要求的不同粒径的再生粗、细骨料；四是将符合粒径要求的再生骨料经必要的烘干处理后，经过配料计量和三级混合均化后，使用专用联合粉磨制砂设备系统对物料进行细碎和粉磨，通过选粉机分离出建筑垃圾砖瓦再生微粉，送入专用筒仓储存备用。

建筑垃圾再生微粉是生产再生建筑材料的一种主要原材料，用以替代部分水泥并全部或大部分替代粉煤灰，起到降低成本、充分消耗建筑垃圾的作用。高活性再生微粉和活性再生微粉与水泥混合使用时具有较好的反应活性，主要作为矿物掺和料用以生产不同等级和性能的预拌混凝土。低活性再生微粉的反应活性较低，颗粒也较粗，主要用以生产预拌砂浆和混凝土砌块、砖等制品。高活性再生微粉颗粒微细，比表面积在100m²/kg以上，28d活性指数不低于95%，具有接近S95级矿渣粉的活性效应和使用性能，主要用作矿物掺和料生产预拌高性能建筑垃圾再生材料混凝土。高性能建筑垃圾再生材料混凝土的强度等级为C30～C80，坍落度为180～220mm，混凝土配合比设计采用低水泥用量、低水胶比、低用水量的技术原则，使用水泥、高活性再生微粉和高活性矿渣粉组成复合胶凝材料系统。其中高活性再生微粉的使用比例为20%～50%。所制作的高性能建筑垃圾再生材料混凝土不但具有良好的工作性能和强度性能，而且具有优异的抗渗透性能、抗碳化性能、抗冻融性能和抗硫酸盐侵蚀性能。

活性再生微粉的细度较高，比表面积在500m²/kg以上，28d活性指数不低于65%，具有接近二级粉煤灰的活性效应和使用性能，主要用作替代粉煤灰的矿物掺和料生产预拌建筑垃圾再生材料混凝土。混凝土的强度等级为C10～C50，坍落度为120～220mm，活性再生微粉对水泥的替代率为15%～30%。所制作的预拌建筑垃圾再生材料混凝土具有良好的性能。此外，活性再生微粉还用作生产M10～M20的预拌砌筑砂浆，单方砂浆中活性再生微粉的用量为200～250kg。低活性再生微粉的颗粒较粗，活性较低，主要作为粉料用以生产预拌砌筑砂浆、预拌保温砂浆、预拌抹灰砂浆、承重或非承重混凝土砌块、混凝土墙体砖和混凝土路面砖。

四、废弃混凝土的综合利用

（一）配制再生骨料混凝土

建筑废料中的废弃混凝土进行回收处理后称之为循环再生骨料。一方面可以解决大量废弃混凝土的排放及其造成的生态环境日益恶化等问题；另一方面可以减少天然骨料的消耗，缓解资源的日益匮乏及降低对生态环境的破坏问题。因此，再生骨料是一种可持续发展的绿色建材。大量的工程实践表明废旧混凝土经破碎、过筛等工序处理后可作为砂浆和混凝土的粗、细骨料（或称再生骨料），用于建筑工程基础和路（地）面垫层、底基层、基层，非承重结构构件，砌筑砂浆等；但是由于再生骨料与天然砂石骨料相比性能较差（内部存在大量的微裂纹，压碎指标值高，吸水率高），配制的混凝土工作性和耐久性难以满足工程要求。要推动再生骨料混凝土的广泛应用，必须对再生骨料进行强化处理。比如，日本利用加热研磨法处理的再生骨料各项性能已经接近天然骨料，但使用这种方法耗能较大，生产的再生骨料成本较高不利于推广利用。

研究表明，利用颗粒整形技术强化得到的高品质再生骨料配制的混凝土的力学性能、耐久性能等已经接近天然骨料混凝土，从根本上解决了再生骨料的各种缺陷，完全可以取代天然骨料应用于结构混凝土中。

（二）配制绿化混凝土

绿化混凝土属于生态混凝土的一种，它被定义为能够适应植物生长、可进行植被作业，并具有环境保护、改善生态环境、基本保持原有防护作用功能的混凝土块。

混凝土的强度与孔隙率及骨料粒径成反比，即骨料越大、接点越少，混凝土强度也就随之下降，但要想植物深入就必须确保混凝土块具有一定的孔隙率。与此同时，混凝土浇筑后，水泥水化生成氢氧化钙，使混凝土碱度增加，不利于植物生长。普通水泥混凝土的孔隙率约为4%、碱度为13，而绿化混凝土则要求其空隙率达到20%以上、碱度下降到11左右才能实现混凝土与绿色植物共存。因此，筛选合适的耐碱植物、解决混凝土孔隙率和强度的矛盾以及确定植物培养基是绿化混凝土技术要重点解决的问题。

（三）制作景观工程

利用建筑垃圾制作景观工程，工艺简单，难度较小。对建筑垃圾筛选处理后，可进行堆砌胶结表面喷砂，做成假山景观工程。例如，合肥市政务新区天鹅湖边的护坡就是利用了拆除的混凝土道路面层块修建的。

（四）用于地基基础加固

建筑垃圾中的石块、混凝土块和碎砖块也可直接用于加固软土地基。建筑垃圾夯扩桩施工简便、承载力高、造价低，适用于多种地质情况，如杂填土、粉土地基、淤泥路基和软弱土路基等，主要利用途径有以下两种。

1.建筑垃圾作建筑渣土桩填料加固软土地基。建筑垃圾具有足够的强度和耐久性，置入地基中，不受外界影响，不会产生风化而变为疏松体，能够长久地起到骨料作用。建筑渣土桩是利用起吊机械将短柱形的夯锤提升到一定高度，使之自由落下夯击原地基，在夯击坑中填充一定粒径的建筑垃圾（一般为碎砖和生石灰的混合料或碎砖、土和生石灰的混合料）进行夯实，以使建筑垃圾能托住重夯，再进行填料夯实，直至填满夯击坑，最后在上面做30cm的三七灰层（利用桩孔内掏出的土与石灰拌成）。要求碎砖粒径60~120mm，生石灰尽量采用新鲜块灰，土料可采用原槽土但不应含有机杂质、淤泥及冻土块等，其含水量应接近最佳含水量。

2.建筑垃圾做复合载体桩填料加固软土地基。建筑垃圾复合载体桩技术是由北京波森特岩土工程有限公司针对软弱地基和松散填土地基研究开发的一种地基加固处理新技术。该技术结合了多种桩基施工方法的优点，已在全国多个地区推广应用。

建筑垃圾复合载体桩施工工艺采用细长锤（锤的直径为250~500mm，长度为3000~5000mm，质量为3.5~6t），在护筒内边打边沉，沉到设计标高后，分批向孔内投入建筑垃圾（碎石、碎砖、混凝土块等），用细长锤反复夯实、挤密，在桩端处形成复合载体，放入钢筋笼，浇筑桩身（传力杆）混凝土面层。

（五）建筑垃圾粉体的再生利用

建筑垃圾粉体是指在建筑工地或建筑垃圾处理厂产生的粒径小于

0.075mm的微小粉末，也有文献将建筑垃圾粉体定义为粒径小于0.16mm的微小粉末。在利用建筑垃圾的各种方法中，利用颗粒整形技术对经过简单破碎的粗、细骨料进行强化处理已经被证明是一项成功的技术，但在整形过程中会产生占原料质量15%左右的粉体。粉体主要由硬化水泥石和粗、细骨料的碎屑组成，在一定条件下仍具有活性，如不加以利用，既会造成浪费又会产生新的污染。目前有关建筑垃圾粉体资源化的研究还比较少，主要有将建筑垃圾粉体用于生产免烧砖和空心砌块。

五、废旧沥青的综合利用

（一）废旧沥青屋面材料的再生利用

屋面废料中有36%的沥青，22%的坚硬碎石和8%的矿粉和纤维。沥青屋面废料适合作沥青路面的施工材料，因为像盖板之类的沥青屋面材料产品含有较多用于冷拌和热拌沥青的相同材料。沥青屋面板含有高百分比的沥青，其沥青含量一般为20%~30%。如将沥青屋面废料回收应用于路面沥青的冷拌或热拌施工，能减少天然沥青的需求量。沥青屋面材料还含有高等级的矿质填料，它们能替换冷拌和热拌沥青中的一部分骨料。另外，沥青屋面材料中含有纤维素结构，有助于提高热拌沥青的性能。废旧屋面材料的再生利用主要有以下两种途径：

1.回收沥青废料作热拌沥青路面的材料；

2.回收沥青作冷拌材料。

美国明尼苏达州首先使用9%的有机板废料作为热拌沥青掺和物铺筑一段道路，目前该段道路运行状况良好。

（二）旧沥青路面料的再生利用

沥青混凝土再生利用技术，是将需要返修或废弃的旧沥青混合料或旧沥青路面，经过翻挖回收、破碎筛分，然后和再生剂、新骨料、新沥青材料等按适当配比重新拌合，形成具有一定路用性能的再生沥青混凝土，用于铺筑路面面层或基层的整套工艺技术。目前国外沥青混合料的再生工艺有热再生和冷再生两种方法。

1.热再生方法

简单地说，热再生方法就是提供大量的热能，在短时间内将沥青路面加热至施工温度，通过旧料再生等工艺措施，使病害路面达到或接近原路面技术指标的一种技术。

2.冷再生方法（常温再生法）

冷再生方法是利用铣刨机将旧沥青面层及基层材料翻挖，将旧沥青混合料破碎后当作骨料、加入再生剂混合均匀，碾压成型后，主要作为公路基层及底基层使用。

第三章　城市垃圾处理与清运

第一节　城市垃圾概述

一、城市垃圾的定义

对城市垃圾概念的研究，有狭义和广义两种定义。

狭义的概念，用城市固体废物（Municipal Solid Waste，MSW）来区分城市垃圾与工业废物的不同。赵由才在《实用环境工程手册》中指出，"城市生活垃圾又称为城市固体废物，它是指城市居民日常生活中或为城市日常生活提供服务的活动中产生的固体废物"。

广义的概念，如日本的"垃圾"通称"废弃物"，分为一般废弃物和产业废弃物两大类。一般废弃物指人类日常生活产生的废弃物。而产业废弃物主要包括城市工业活动、城市商业活动、城市建筑业等产生的废弃物。我国黄凯等认为，"城市垃圾是人们工作、生活中产生的综合废弃物"。在学术界，学者主要运用城市生活垃圾或城市垃圾的表述，如陈立民在《环境学原理》中指出，"固体废物是指在社会的生产、流通、消费等一系列活动中产生的一般不再具有原使用价值而被丢弃的以固态和半固态存在的物质"。广义的概念认为，城市垃圾不仅包括城市生活垃圾，还包括城市工业垃圾、城市商业垃圾、城市危险废物、医疗垃圾、建筑垃圾等。

二、城市垃圾的分类

城市垃圾是一个极其复杂的非均质体系，为了便于管理和对不同的废物采取相应的循环利用或科学的处理处置方法，需要对城市垃圾进行分类。根据城市垃圾的性质，将其分为三类：城市生活垃圾、城市产业垃圾以及城市危险废物。

（一）城市生活垃圾

城市生活垃圾主要来源于家庭、公共场所、机场、码头、餐馆、影剧院、车站、各种政府和私人办公机构等场所，这一类垃圾主要由纸张、塑料、纺织品和食品废弃物等有机物构成，兼有少量金属、玻璃等无机成分。城市化的进程、人口的增加以及人民生活的改善，都将促使这类垃圾的迅猛增加。

城市生活垃圾的主要特点是成分复杂、有机物含量高。影响城市生活垃圾成分的主要因素有居民生活水平、生活习惯、季节、气候等。

（二）城市产业垃圾

城市产业垃圾主要来源于为城市居民日常生活提供服务的城市工业、商业、餐饮服务业、交通运输业以及城市建筑业等活动中。如商业垃圾产生于城市中各类商店、超市或购物中心；餐饮垃圾产生于各类饭店、宾馆，以及各类食品加工厂或作坊；交通运输业垃圾产生于汽车、火车、轮船或飞机等交通工具上，各类候车室，以及公路、铁路等交通沿线上；建筑业垃圾产生于城市的各种建筑工地或进行建筑装修的家庭中。

（三）城市危险废物

城市危险废物的主要来源是各类实验室、医院、城市中的工厂及家庭等。城市危险废物的危险性相当大，其成分主要是一些废弃的化学品和染有病菌或放射性的废旧衣物、用品、废纸等。由于医院大量使用一次性的医疗用品，因而增大了这类废弃物中的塑料制品，如塑料输液用品、注射器、瓶子、手术用品以及橡胶手套等，对这类废弃物都必须进行妥善处理。

三、我国生活垃圾产生情况

随着我国经济的高速增长及城市化建设的蓬勃发展、人民生活水平的不断提高，以及城市化进程的快速推进，城市生活垃圾发生量与日俱增。城市垃圾清运量除与生活水平有密切关系外，更主要的是受城市人口的影响。由于村镇、地市等小型人口集聚区域的扩建和数量增长，导致需要清运的生活垃圾量剧增。同时由于现存的生活垃圾处理基础设施不足，加之现有处理技术相对单一，大量的生活垃圾得不到妥善、迅速处理，从而造成垃圾污染现象呈现日趋严重态势。如何减少垃圾的排放量，实现垃圾的资源化利用，是我国急需解决的问题。

四、国外生活垃圾产生情况

近年来，发达国家生活垃圾的年产量也在逐年增加，全球每年新增垃圾约100亿吨。总体来看，世界上发达国家城市的生活垃圾产生量增长较快。垃圾产生量和经济发达程度成正比，经济越发达，人均垃圾产生量也就越高。同时，值得注意的是，随着发达国家环保意识发展、居民环保意识的增强，一些发达国家人均垃圾产生量呈现增长趋缓，甚至负增长的趋势。例如，日本、德国等发达国家，人均年均垃圾清运量呈现逐年递减态势。表3-1为欧盟生活垃圾人均年产量的统计数据。从表中可以看出，欧洲国家人均年产垃圾量已经超过了570kg，最低的希腊人均年产量为428kg，最高的爱尔兰人均年产量已达732kg。

表3-1 欧盟15国垃圾无害化处理方式比重及人均年产量

国家	生活垃圾处理技术占比（%）			人均年产垃圾量（kg）
	焚烧	堆肥	填埋	
奥地利	10.7	59.3	30.0	610.0
卢森堡	41.6	35.7	22.6	658.0
德国	22.9	57.2	19.9	638.0

续表

国家	生活垃圾处理技术占比（%）			人均年产垃圾量（kg）
	焚烧	堆肥	填埋	
瑞典	45.0	41.4	13.6	471.0
比利时	35.7	51.8	12.6	446.0
丹麦	53.8	41.2	5.0	675.0
荷兰	32.9	64.4	2.7	599.0
希腊	0.0	8.2	91.8	428.0
葡萄牙	21.7	3.5	74.8	452.0
英国	8.0	18.0	74.0	592.0
爱尔兰	0.0	31.0	69.0	732.0
芬兰	9.1	27.6	63.3	450.0
意大利	9.4	28.9	61.8	523.0
西班牙	6.6	34.2	59.3	609.0
法国	33.7	28.2	38.1	561.0
欧盟15国	18.7	36.4	44.9	577.0

五、城市生活垃圾组成

城市生活垃圾的组成受地理条件、居民生活习惯、城市规模及居民生活水平的影响。各国的经济发展水平、生活习惯等有较大差异，造成各国垃圾组分差异明显，城市生活垃圾的最终处理方式受其组分的影响。随着我国经济的发展及生活水平的提高，城市生活垃圾中的有机物组分逐渐增多，无机物组分逐渐减少。在世界发达国家中，城市垃圾中的有机物含量较高，其产量依然呈上升趋势。表3-2为我国部分城市垃圾成分统计。

表3-2　我国部分城市生活垃圾成分统计　（质量分数，%）

城市	有机物					无机物		
	厨余	木竹	纸制品	塑料	纤维	金属	玻璃	砖瓦
北京	39.00	0.70	18.18	10.35	3.56	2.96	13.02	12.23
上海	70.00	0.89	8.00	12.00	2.80	0.12	4.00	2.19
广州	63.00	2.80	4.80	14.10	3.60	3.90	4.00	3.80
深圳	58.00	5.18	7.91	13.70	2.80	1.20	3.21	8.00
南京	52.00	1.08	4.90	11.20	1.18	1.28	4.09	24.27
武汉	50.75	1.50	7.72	12.86	2.93	1.25	4.04	18.95

六、城市生活垃圾的性质

（一）物理性质

城市生活垃圾的物理性质与其成分组成密切相关。城市垃圾的物理性质常用含水率和容重等物理量表示。

1.含水率：含水率指单位质量垃圾的含水量，以%（质量分数）表示。城市垃圾中水的存在形态包括内部结合水、吸附水、膜状水、毛细管水等，随垃圾成分、季节、气候等条件而变化。影响垃圾含水率的主要因素是垃圾中动植物含量和无机物含量。一般动植物含量高、无机物的含量低时，垃圾含水率就高；反之，含水率就低。另外，垃圾含水率还受其收运方式的影响。一般采用烘干法测定垃圾含水率。

2.容重：城市垃圾的容重是指在自然状态下单位体积的质量，以kg/m^3表示。它是选择和设计储存容器、收运机械与设备、处理设备和填埋构筑物的重要依据，随垃圾成分和压实程度变化。原始垃圾容重测定常采用全试样测定法和小样测定法。我国环卫系统现场测定常采用"多次称量平均法"。表3-3为城市垃圾中常见组分含水率及其容重统计。

（二）化学性质

城市垃圾的化学性质主要由挥发性固体含量、灰分、灰分熔点、元素组成、固定碳、发热值等参数加以表征，是垃圾处理及资源化利用技术选择的重要依据。

表3-3　城市垃圾组分的含水率和容重

成分	含水率（%）		容重（kg·m⁻³）		成分	含水率（%）		容重（kg·m⁻³）	
	范围	典型值	范围	典型值		范围	典型值	范围	典型值
食品废物	50~80	70	120~480	290	废木料	10~40	20	120~320	240
废纸类	4~10	6	30~130	85	玻璃陶瓷	1~4	2	160~480	195
硬纸板	4~8	5	30~80	50	非铁金属	2~4	2	60~240	160
塑料	1~4	2	30~130	65	钢铁类	2~6	3	120~1200	320
纺织品	6~15	10	30~100	65	渣土类	2~12	8	360~960	480
橡胶	1~4	2	90~200	130	混合垃圾	15~40	30	90~180	130
皮革类	8~12	10	90~260	160	马口铁罐头盒	2~4	3	45~160	90
庭院废物	30~80	60	60~225	105					

（三）生物特性

城市垃圾的生物特性包含两个方面：一是城市垃圾本身具有的生物性质及其对环境的影响；二是其可生化性，即可生物处理性能。

城市垃圾本身含有复杂的有机生物体，其中有许多生物性污染物，其腐化的有机物中含有各种有害的病原微生物，还含有植物害虫、昆虫和昆虫卵等。城市垃圾本身具有的生物性污染对环境及人体健康带来有害的影响，因此城市垃圾进行生物转化，对消灭致病性生物具有十分重要的意义。

城市垃圾可生化性是选择生物处理方法和确定处理工艺的主要依据。城市垃圾组成中含有大量有机物，可以为生物体提供碳源和能源，是进行生物处理的物质基础。通过不同生物转化作用（主要有堆肥化、沼气发酵化等），实现垃圾的无害化，是城市垃圾回收综合利用的重要途径。

（四）感官性质

感官性质是指垃圾的颜色、嗅味、新鲜或者腐败的程度等，往往可以通过感官直接判断。

第二节　城市生活垃圾的危害

城市生活垃圾最大的危害性在于疾病传播。随意投弃的生活垃圾，将会滋生苍蝇、蚊虫及鼠疫发生；同时，腐败垃圾还将释放恶臭，严重影响公共卫生和环境景观。欧洲就曾在19世纪因垃圾的乱扔乱弃，诱发了黑死病（霍乱），造成大量居民死亡，人口剧减。因此，垃圾的合理回收和安全处理，是垃圾管理的必须手段。

长期以来，我国许多城市采取露天堆放、填坑和自然填沟的简单方式对生活垃圾进行处理，我国历年堆积未处理的垃圾量已达到75亿吨，如果不能对其进行妥善的处理，那么其中的有害物质就会随渗滤液逐渐渗入地下，污染地下水、周边土壤以及大气，同时还会侵占大量的土地资源，进而对生态系统造成不可逆转的损害，最终危及人类健康。

城市生活垃圾中含有病原体，微生物，酸、碱性物质以及重金属等有毒有害物质，在降雨及地表径流的作用下会被溶出，进入河流湖泊，毒害水中的生物体，并污染水源。有些简易垃圾填埋场，在雨水淋滤的作用下，含有高浓度悬浮固态物和各种有机物的渗滤液会进入地下水或浅水层，从而导致水源污染。

废弃物中的难降解有机污染物（POPs）如果渗入土壤会影响土壤中微生物的生长，破坏土壤自身对污染物净化的能力，使土壤本身的理化性质发生改变。POPs会蓄积在植物及动物体内，进而通过食物链进入人体，对人体造成伤害，诱发疾病。

城市生活垃圾在运输、储存、处理过程中如果缺乏相应的防护措施，将会造成粉尘随风飘散，使空气环境质量下降。城市生活垃圾被填埋后，其中的有机组分在微生物的作用下将会分解产生甲烷及二氧化碳，如果任其聚集将会引发火灾。一些地方对堆存的垃圾进行露天焚烧，或利用简易的焚烧装置进行垃圾处理，产生的有毒有害烟气直接污染大气，造成严重的空气污染。

城市生活垃圾长期露天堆放，所需的土地面积越来越大，不仅会侵占大量的耕地面积，使耕地短缺的矛盾更加凸显，同时还会造成垃圾围城的困局。

城市生活垃圾以大气、水、土壤为介质，环境中的有害物质通过人体的呼吸道、消化道及皮肤进入人体，从而引发多种疾病；同时，垃圾又是老鼠、蚊蝇及病菌微生物栖息和繁殖的场所，是传染病的根源，对人类健康会造成极大的伤害；并且，散乱丢弃和堆存的垃圾，也会严重妨碍环境卫生，破坏自然景观。

人类生存发展过程中产生的固体废弃物称为垃圾，其中城市居民生活活动中产生的垃圾，称为城市生活垃圾。

一、城市生活垃圾的产生

城市生活垃圾主要包括居民生活垃圾、清扫垃圾、商业垃圾等。按其产生源头分类，主要有以下几种。

第一，居民生活垃圾。居民生活活动中，在居住场所产生的垃圾。居民生活垃圾的产生场所主要包括居民家庭、干部休养所、社会福利院、光荣院、敬老院、收容院、康复中心、老年人公寓、残疾儿童托儿所等非营利性社会福利活动场所。

第二，清扫垃圾。城市道路、桥梁、隧道、广场、公园及其他开放性露天公共场所产生的垃圾。清扫垃圾的产生场所主要包括城市园林绿化活动场所、公园、动物园、植物园、街区公共绿地及露天场所。

第三，商业垃圾。城市中各种类型的商业、企业及城市中其他行业经办的商业性或专业性服务网点所产生的垃圾。商业垃圾的产生场所包括各种商店、酒店、宾馆及其他从事商业经营活动的场所。

第四，工业单位垃圾。城市中各种类型工业企业在非生产过程中产生的垃圾。

第五，事业单位垃圾。城市中各级政府行政部门、社会团体、金融保险、科研设计、学校、外地派驻机构以及广播、电视等事业单位产生的垃圾。

第六，交通运输垃圾。城市公共交通、客货运输、交通场点以及邮政、通信等行业停放交通工具、中转运输和维修管理车辆场所产生的垃圾。

二、城市生活垃圾产生量与影响因素

随着经济高速发展、城市规模扩大、城市化进程加快及居民生活水平提高，我国城市生活垃圾产生量逐年增加，人均生活垃圾产量已超过1.0kg/（人·d）。近几年每年增长8%～10%。

城市生活垃圾产生量与城市人口数量、国民经济发展水平、居民生活水平以及民用燃料结构等因素有关。

第一，城市人口数量的影响。从国内外垃圾产生量与人口增长之间的关系可以看到，城市生活垃圾的总产量增长几乎与城市人口的增长成正比。城市人口数量是影响城市生活垃圾总量的主要原因。

第二，国民经济发展水平的影响。经济发展水平的高低也决定了城市生活垃圾的产生量。经济越发达的地区，城市居民生活中产生的包装材料、废纸、废塑料等废弃物也越多，城市生活垃圾的总产量也随之增长，但当经济发展到一定程度时，垃圾产量的增长幅度会放缓，并逐渐趋于稳定。

第三，居民生活水平的影响。城市生活垃圾产量与城市居民生活水平有一定关系。经济发达，居民生活水平提高，生活方式也随之发生变化，家具、电器等生活用品的更新加快，生活垃圾的产量也会随之增大。

第四，燃料结构的影响。燃料结构对城市生活垃圾产量的影响较大。例如，我国北方一些地区冬季通常使用燃煤取暖，民用燃煤的煤灰往往并未再生利用而成为垃圾，因此北方燃煤地区冬季的城市生活垃圾产量比北方燃气地区或南方地区要高许多。

三、城市生活垃圾的危害

垃圾堆放在城市周围，已成为一个非常严重的、普遍的环境问题，带来了直接的和潜在的污染危害。在污染问题较为突出的城市，已经阻碍了城市建设的进程，制约了经济的发展，主要表现在以下方面。

（一）侵占土地

目前，全国堆存垃圾侵占土地总面积已近5亿平方米，折合耕地约为75万亩。我国的耕地面积约有20亿亩，相当于全国每1万亩耕地就有3.75亩用来堆放垃圾。垃圾严重破坏着人类赖以生存的土地资源。据航空摄影调查，北京市近郊有可辨认的垃圾堆场近500个，占地约600hm²。由于城市化学品含量越来越高的垃圾被埋在地下数十年甚至上百年都不降解，加上有毒重金属如铅、镉等造成了土地污染，使土地失去了可利用的价值。如果将未经严格处理的城市生活垃圾直接用于农田，将破坏土壤的团粒结构和理化性质，导致土壤保水、保肥能力降低。

（二）污染空气

垃圾中含有大量有机物，这些物质在厌氧分解中会产生大量有害物质，如硫化氢、氨气、甲烷等。尤其是夏季，露天垃圾散发有机物腐烂的恶臭，含有致癌、致畸、致突变等物质的气体等，随着冒出的白色烟气散发于大气中。

（三）污染水体

垃圾在堆放腐败过程中产生大量酸性和碱性有机污染物，并溶解出垃圾中的重金属，形成有机物、重金属和病原微生物三位一体的污染源。任意堆放的垃圾或简易填埋的垃圾，经过雨水冲刷、地表径流和渗沥，产生的渗滤液对地表水体和地下水产生严重污染。垃圾渗出液中COD高达15680mg/L，BOD_5高达1000g/L细菌总数超标4.3倍，大肠菌群超标2410倍。一些已经建成的大型垃圾填埋场也存在严重污染地表水和地下水的现象，如广州大田山垃圾填埋场、上海老港废弃物处置场等都发生了污染地下水的现象。

（四）温室效应

堆放的垃圾在腐化过程中产生大量的热能，携带着氨气、硫化氢、甲烷等有害气体形成恶臭污染空气的同时，散发热量，白色烟气包围城市，形成热岛温室效应。

例如，安徽省马鞍山市对垃圾产生的温室效应做了研究：每吨垃圾在厌氧分解的过程中产生甲烷气体$4.4m^3$。一个占地面积$5.3hm^2$、堆存70万t垃圾的填埋场，每年向城市上空排放甲烷气体高达$5 \times 10^7 m^3$，成为城市上空温室气体排放的主要因素。

（五）引发事故

由于城市垃圾中有机物含量的增高和由露天堆放变为集中堆存时，虽然采取了简单覆盖，但在垃圾堆体中易造成产生甲烷气体的厌氧环境，使垃圾产生的沼气量增加，危害日益突出，事故不断，造成重大损失。

（六）传播疾病

垃圾堆放场是滋生有害微生物的温床，含有大量致病菌及其携带者，有细菌、螨虫、支原体、蚊蝇、蟑螂等。据全国300个城市的统计，城市垃圾的清运量仅占产生量的40%~50%，无害化处理率很低，大量的垃圾未经无害化处理进入环境，既严重影响环境卫生，又对人类健康构成潜在的威胁。

113

垃圾堆放场是大量老鼠、蚊蝇、病原体的滋生传播源，潜伏着爆发性时疫的危险。

（七）白色污染

有人的地方，就能看到随意丢弃的塑料厨余袋、包装袋、饮料瓶、一次性快餐饭盒等。公路边、铁道旁、风景点，无处不被废旧塑料困扰。塑料废物造成动物误吞噬死亡、堵塞下水道等，形成城市"白色污染"。

（八）浪费资源

城市生活垃圾中一般含有10%～15%的可回收利用的物质，如金属、玻璃、塑料、橡胶和纸张等。随着全球资源短缺的加剧和科学技术的发展，城市生活垃圾将成为与水泥窑协同处置生活垃圾实用技术有可利用价值的资源。例如，利用废钢生产钢，可以减少86%的空气污染、92%的固体废物、40%的有害物质的处理处置。

第三节　城市垃圾的收运与储存

一、概述

生活垃圾收运系统是生活垃圾处理系统的第一环节，也是整个垃圾处理系统中耗资最大的环节之一，占整个垃圾处理开支的60%～70%，一些大型城市的收运费用可达300元。在制订收运计划时，应在满足环境卫生要求、考虑后续处理工艺的前提下，提高收运效率，使整个垃圾处理系统的总费用最低。

通常生活垃圾收运系统分为两个子系统，即生活垃圾收集系统和生活垃圾转运系统。生活垃圾收集是生活垃圾从产生源送至贮存容器或集装点，环卫车辆沿一定路线收集垃圾桶或其他贮存容器中的垃圾，并运至附近的垃圾中转站，或就近送至垃圾处理处置场的过程；生活垃圾转运是指在中转站将垃圾转载至大容量运输工具上，运往处理处置场的过程。

根据收运装备属性和作业方式，国内生活垃圾收运系统由人力运输、敞开式运输向机械化、密闭化、压缩减容化方向发展，由收集后直接运输向收集后中转运输方向发展。

1.人力运输

20世纪60年代之前，我国城市生活垃圾主要依靠人力和畜力收运。环卫工人使用人力垃圾车每天定时去居民区或居民垃圾的倾倒点收集生活垃圾，然后运到城市附近（郊区）垃圾排放点堆置或焚烧处理。人力运输是一种较为原始的垃圾收运方式，收运作业一般敞开进行，对沿途造成污染，垃圾在倾倒点滞留时间较长，蚊蝇滋生。但由于当时城市规模不大、人口不多、生活水平也较低，生活垃圾处理的矛盾并不突出。

2.敞开式机械化运输

20世纪60年代，国民经济有了一定的发展，城市规模逐渐扩大，城市人口大量增加导致生活垃圾收运量随之增加，垃圾收运车逐步由原来的人力和畜力车改为拖拉机、机动三轮垃圾车和栏板自卸货车，但垃圾装卸主要依靠人力完成。

20世纪70年代后期，随着城市生活垃圾收运工作的开展，国内大中城市生活垃圾收运系统的机械化水平和收运效率有了进一步提高。一些城市开始运用装载机等机械代替人力进行装卸作业，垃圾屋在许多城市得到推广，配合自卸车进行运输，使环卫工人劳动强度有所减轻，同时在一定程度上改善了居民生活区的环境。

3.密闭式机械化运输

进入20世纪80年代，环卫部门开始尝试生活垃圾密闭化运输。在收集设施方面，垃圾收集容器由固定式的垃圾箱发展为可以被移动的垃圾桶和集装箱。在收集车辆方面，大量采用专用的侧装自装卸式垃圾车，生活垃圾收运系统从此由敞开式机械化运输开始向密闭式机械化运输方向发展。专用垃圾

115

收集车的车厢针对固体垃圾，密封性较好，机械化水平较高，工人劳动强度明显降低，一定程度上减少了垃圾运输过程中的飞扬和洒落现象，但污水滴漏现象非常普遍。

4.压缩减容化运输

20世纪90年代后，随着生活水平的不断提高，生活垃圾的成分也在发生变化，垃圾中煤灰等无机物含量明显下降，有机物含量不断增长，含水率增大，垃圾容重降低，压缩式垃圾车在国内得到迅速应用和发展。压缩式垃圾车具有垃圾的收集、压缩、运输及卸料等功能，自动化程度高、密闭性好，收运效率和装载量比以往的收运方式和运输车有很大的提高，工人劳动强度得到进一步降低，作业环境得到进一步改善。随着国外先进技术的引进，压缩式垃圾车的整车性能得到迅速提高，车厢密闭性能满足了固液混合体垃圾的运输要求，许多产品已经接近或达到国际先进水平。与此同时，与压缩式垃圾车相配套的收集设施和收集方式也得到了改进和发展。垃圾的袋装化或桶装化使收集点的环境得到改善。

这一时期垃圾压缩收集站的应用推广也推进了生活垃圾压缩减容化运输。垃圾压缩收集站的应用为减少生活垃圾收集点的数量、提高垃圾收集效率、综合整治生活垃圾收集过程的环境问题提供了一种较为有效的方式。生活垃圾被收集后，集中送到垃圾压缩收集站，压缩装入密封的集装箱后用车厢可卸式车辆运往生活垃圾处理处置场或下一级转运站。

5.集装化转运

随着城市规模的进一步扩大，生活垃圾处理处置场距离城市越来越远，生活垃圾直运距离超过30km时，运输成本过高，经济方面不予考虑。为提高生活垃圾运输效率和运输经济性，集装化的生活垃圾转运站在我国城市得到较快的推广和应用。按照《环境卫生设施设置标准》（CJJ27-2012），服务范围内垃圾运输平均距离超过10km，就应设置垃圾转运站。

通过生活垃圾压缩转运站，把中小型垃圾收集车上的垃圾转装到大型垃圾转运车再运往垃圾处置场，垃圾经过压缩，含水率降低。有关研究表明，通过转运站的压缩，垃圾成分中5%左右的水分能够排出，有效实现了垃圾的减量减容；同时，可以实现封闭化、大运量的长途运输，减少了垃圾长途运输中的二次污染，提高了垃圾长途运输的经济性，改善了道路交通的合理性。

集装箱是实现垃圾集装化转运的基础，贯穿于系统的全过程。为便于不同交通工具之间的转换和保证装卸料的高效，生活垃圾转运一般采用国际标准尺寸集装箱。目前国际标准集装箱的长度主要有6058mm、9125mm、12192mm规格。

二、城市垃圾的收集方式

垃圾进行收运时，首先要由垃圾产生者将垃圾投放到指定地点，其次才由环卫工人进行必要的收集和转运。这种由垃圾产生者（住户或单位）或环卫系统收集，从垃圾产生源头将垃圾送至储存容器或集装点的运输过程，称为搬运与储存（简称运储）。在对垃圾进行收集时，方式主要有两种，分别是混合收集和分类收集。所谓混合收集，指未经任何处理的原生固体废弃物混合在一起加以收集的方式。该方法简单易行、运行费用低，是我国主要采取的垃圾收集方式。但该方法不利于垃圾的进一步处理，难以进行分类，实施资源化、无害化处理困难。与此同时，普通垃圾中还易混入有毒有害废弃物，如废电池、日光灯、废油等。分类收集是指按城市生活垃圾组分进行分类加以收集的方式。该方法可以有效提高回收资源物质的纯度和数量，减少垃圾处理量。分类回收的废金属、废纸、废塑料等有利于实施资源化、无害化处理，降低废物运输及处理费用，特殊有害有毒废弃物的回收有利于安全处理方式的确定，减少环境污染可能性。目前我国正在通过政策制定及宣传等推广分类回收，促进垃圾资源再利用和社会的可持续发展。

垃圾由发生源被投放到指定地点后，由环卫工人进行必要的收集与清除，这一过程简称清运。清运过程的运输通常指垃圾的近距离运输，一般用清运车辆沿一定路线收集清除容器或其他储存设施中的垃圾，并运至垃圾中转站；有时也可就近直接送至垃圾处理厂或处置场。清运是垃圾管理系统中最复杂、耗资最大的阶段。清运效率和费用主要取决于清运操作方式、收集清运车辆数量、装卸量及机械化装卸程度、清运次数、时间及劳动定员、清运路线。垃圾进行清运时，主要有移动容器搬运法和固定容器搬运法两种。

生活垃圾的搬运可分为散装收集和封闭化收集两种方法。过去，由于生活水平相对较低，多采用散装收集。散装收集过程中会发生撒、漏、扬尘等问题，污染严重，目前已被淘汰。封闭化收集是利用垃圾袋将垃圾装好后运往垃圾箱，分塑料袋及纸袋两种，目前普遍采用该方法。收集时，收集方法分上门收集、定点收集、定时收集等。其中，上门收集又包括如下几种收集方式：

第一，保洁人员到居民家门前或单元门口收集；

第二，管道收集，即在多层或高层建筑中设垃圾排放管道，方便高层居民；

第三，气力抽吸式管道收集，利用真空涡轮机对垃圾输送管道进行气力收集的方法；

第四，普通管道收集，由通道口倾入后集中在垃圾通道底部的储存间内，然后装车外运。

定点收集多采用垃圾房收集、集装箱垃圾站收集。其中，垃圾房收集是指居民将垃圾装袋后直接送到垃圾箱房的垃圾桶内，然后由垃圾收集车运往转运站。而集装箱垃圾站收集是指生活垃圾装袋后由居民放置于住宅楼下及附近的指定地点或容器内，由保洁人员运往集装箱垃圾收集站，之后，再被送往转运站或处理场。此外，目前许多发达国家的家庭，为减少厨余垃圾的发生量，利用垃圾磨碎机粉碎厨余，由下水道流入下水道系统，可以减少大约15%的垃圾量。与居民家庭垃圾排放、收集有所不同，商业区及企事业单位发生的垃圾，通常由企事业单位自行搬运，环卫部门负责监管。

三、生活垃圾的储存

垃圾从发生，清运到中转站，其间包括家庭储存和区域集中储存的过程。根据储存地点的不同，可分为家庭储存、街道储存、单位储存和公共储存四种。由于垃圾具有强烈的恶臭气息，同时，易于污染周边环境、传播疾病、滋生蚊虫等，因此，对临时储存垃圾的储存容器有严格的制作和质量要求。通常，室内临时储存垃圾的垃圾箱（桶）按容积大小划分为小型（小于$0.1m^3$）、中型（$0.1 \sim 1.1m^3$）、大型（大于$1.1m^3$）三种，其材质分别由金属（耐热、耐磨）、塑料（质轻、不耐磨、易损）和复合材料（性能优良）三种材料加工而成，颜色又分为黄色、黑色、绿色及红色等。在我国，通常垃圾桶的颜色不同，代表用于盛装的垃圾种类不同，而国外通常通过垃圾桶上的标注加以区分。除垃圾桶外，可供区域居民共同使用的垃圾临时储存设施还有垃圾房和垃圾收集站。通常，居民小区周边可以设置垃圾房，垃圾房内设置多个垃圾桶，并且在四周设有排水沟及绿化带，与周围建筑物的距离大于5m。垃圾收集站常规的服务半径在600m内，清洁工用手推车将收集的垃圾堆运至垃圾收集站。垃圾收集站可配置垃圾集装箱和垃圾压缩装置。储存容器的容积一般以满足$1 \sim 3$天垃圾排放量的储存为宜，同时还必须具有密封性、防蚊虫滋生、防风雨、防气味散发，内部光滑，易于保洁、倒空、不残留垃圾，操作方便、布点合理，既方便居民倾倒垃圾，同时方便清运操作。此外，存储容器还必须防腐、防火、坚固耐用、外形美观、价格低廉。

　　为确保设置的公共垃圾收集设施可以充分合理地满足服务区域对垃圾投放的需求，设置前需对垃圾储存容器设置数量进行必要的核算。核算的依据参数主要有居民数量、人均垃圾发生量、垃圾容重、容器大小及收集次数等。

第四节　城市垃圾的清运

　　垃圾清运是指各垃圾产生源储存垃圾的集中与集装，以及收集车辆到终点的往返运输和在终点的卸料等过程。清运效率影响因素主要有清运操作方式、收集清运车辆的数量、装卸量及机械化程度、清运次数、时间和劳动定员、清运路线、清运操作方法等。清运方案需反复推敲、修改，并在实际应用中不断完善，方能固定下来。清运时，多采用收集机动车，根据垃圾装车形式，可分为前装式、侧装式、后装式、顶装式、集装箱直接拖曳式等。收集车辆原则上要求完全机械化、自动化，多数要求具有压缩功能和自动卸车功能。收集车数量配备、收集车劳力配备，不同车型配备人员数不同，一般少于4人。对于收集次数与作业时间，我国采用日产日清的基本准则。欧美则划分较细，视当地实际情况，如气候、垃圾产量与性质、收集方法、道路交通、居民生活习俗等确定，不是一成不变的，其原则是希望能在卫生、迅速、低成本的情形下达到垃圾收集。

收集清运工作安排的科学性、经济性的关键，在于设定合理的收运路线。例如，在德国各清扫局都有垃圾车收集运输路线图和道路清扫图，将全市分成若干个收集区，明确规定扫路机的清扫路线，这个地区的垃圾收集日、收集容器的数量、安放位置及其车辆行驶路线等在路线图上都有明确标记。收集线路的设计需要进行反复试算，没有能适用于所有情况的固定规则。进行收集路线设计时，主要考虑以下四个因素。

一是每个作业日，每条路线限制在一个地区，尽可能紧凑，没有断续或重复的线路。

二是平衡工作量，使每个作业、每条路线的收集和运输时间都合理，且大致相等。

三是收集路线的出发点从车库开始。

四是要考虑交通繁忙和单行街道等因素。在交通拥挤时间应避免在繁忙的街道上收集垃圾。

设计收集路线一般需要以下四个步骤。

一是准备适当比例的地域地形图，图上标明垃圾清运区域边界、道口、车库和通往各个垃圾集装点的位置、容器数、收集次数等，如果使用固定容器收集法，应标注各集装点垃圾量。

二是分析资料，将资料数据概要列为表格。

三是初步设计收集路线。

四是对初步收集路线进行比较，通过反复试算，进一步均衡收集路线，使每周各个工作日收集的垃圾量、行驶路程、收集时间等大致相等，最后将确定的收集路线画在收集区域图上。

收集成本的高低，主要取决于收集时间长短，因此对收集操作过程的不同单元时间进行分析，可以建立设计数据和关系式，求出某区域垃圾收集耗费的人力和物力，从而计算收集成本。可以将收集操作过程分为四个基本用时，即集装时间、运输时间、卸车时间和非收集时间。

一、移动容器操作方法

移动容器收集法是指使用垃圾运输工具将装满垃圾的容器运往中转站或处理处置场，卸空后，将空容器送回原处再到下一个容器存放点；或将空容器送到下一个垃圾集装点，再把该集装点装满垃圾的容器运走，如此重复循环进行垃圾清运。

二、收集车辆

各国对城市垃圾收集车辆还没有形成一个统一的分类标准。不同城市应根据当地的垃圾组成特点、垃圾收运系统的构成、交通、经济等实际情况，选用与其相适应的垃圾收集车辆。一般应根据整个收集区内的建筑密度、交通状况和经济能力选择最佳的收集车辆规格。

（一）人力车

人力车包括手推车、人力三轮车等靠人力驱动的车辆，主要是为了清运比较狭窄区域的垃圾，在发达国家已不再使用，但在我国仍发挥着重要的作用。

（二）简易自卸式收集车

它适宜于固定容器收集法作业，一般需配以叉车或铲车，便于在车厢上方机械装车。常见的有两种形式：一是罩盖式自卸收集车；二是密封式自卸车。

（三）活动斗式收集车

它主要用于移动容器收集法作业，这种收集车的车厢作为活动敞开式储存容器，平时放置在垃圾收集点。由于车厢贴地且容量大，适合于储存装载大件垃圾。

（四）密封压缩收集车

根据垃圾装填位置，它分为前装式、侧装式和后装式三种类型。其中，侧装式密封收集车一般装有液压驱动提升装置，能够将地面上配套的垃圾桶提升至车厢顶部，由倒入口倾翻，然后空桶送回原处，完成收集过程。后装式压缩收集车是在车厢后部开设距地面较低的垃圾投入口，装配压缩推板装置，能够满足体积大、密度小的垃圾收集工作，在一定程度上可减轻造成二次污染的可能性，并且可大大减轻环卫工人的劳动强度，缩短工作时间。

（五）分类收集车

分类收集车是为了分类垃圾的收集专门设计的。它的料箱由若干个独立的料斗组成，一个料斗只装一种垃圾物。在每个料斗的一侧安装一个上料和卸料装置，以把垃圾桶提升到料斗的顶部，把桶中的垃圾翻倒入相应的料斗中，再把分类垃圾运至分拣站，各料斗分别向外侧作翻转，把分类垃圾倒入不同的储存地点。

三、生活垃圾清运

生活垃圾清运的主要目的是把城市内的生活垃圾及时清运出去以免其影响到市容卫生环境，是废物收运系统的主要环节。世界各国对生活垃圾收运环节都比较重视，一方面努力提高垃圾收运的机械化、卫生化水平，另一方面稳步实现垃圾清运管理的科学化水平。

现行的城市生活垃圾收运方法主要是车辆收运法和管道输送法两种类

型，其中车辆收运法应用非常普遍，是指使用各种类型的专用垃圾收集车与容器配合，从居民住宅点或街道把废物和垃圾运到垃圾转运站或处理场的方法。采取这种收运方法，必须配备适用的运输工具和停车场。车辆收运法在相当长的时间内，仍然是废物运输的主要方法。因此，努力改进废物收运的组织、技术和管理体系，提高专用收集车辆和辅助机具的性能和效率是很有意义的。

管道输送法是指应用于多层和高层建筑中的垃圾排放管道。排放管道有两种类型：一是气动垃圾输送管道，它是结构复杂的输送系统，可以把垃圾直接输送到处理场；二是普通排放通道，严格讲，这种管道排放法只是废物收运的前一部分。垃圾由通道口倾入后集中在垃圾通道底部的储存间内，需要由清洁工人掏运堆放在集中堆放点，再由垃圾车清运出去。

垃圾清运阶段的操作，不仅是指对各产生源贮存的垃圾集中和集装，还包括收集清除车辆至终点往返运输过程和在终点的卸料等全过程。清运效率和费用高低，主要取决于下列因素：一是清运操作方式；二是收集清运车辆的数量装卸量及机械化装卸程度；三是清运次数、时间及劳动定员；四是清运路线。

（一）清运操作方法

清运操作方法可分为拖曳式和固定式两种。

1.拖曳容器操作方法

拖曳容器操作方法是指将某集装点装满的垃圾连容器一起运往转运站或处理处置场，卸空后再将空容器送回原处或下一个集装点，其中前者称为一般操作法，后者称为修改工作法。

2.固定容器收集操作法

固定容器收集操作法是指用垃圾车到各容器集装点装载垃圾，容器倒空后固定在原地不动，车装满后运往转运站或处理处置场。固定容器收集法的一次行程中，装车时间是关键因素，分机械操作和人工操作。

（二）收集车辆

1.收集车类型

不同地域和城市可根据当地的经济、交通、垃圾组成特点、垃圾收运系统的构成等实际情况，开发使用与其相适应的垃圾收集车。

按装车形式大致可分为前装式、侧装式、后装式、顶装式、集装箱直接上车等形式。车身大小按载重量分，额定量10～30t，装载垃圾有效容积为6～25m³（有效载重量4～15t）。为了清运狭小里弄小巷内的垃圾，还有数量甚多的人力手推车、人力三轮车和小型机动车作为清运工具。

在美国，用于居民和商业部门的废物收集卡车都装有叫作装填器的压紧装置，液压压紧机可把松散的废物由容重35kg/m³压实到200～240kg/m³，常规的装载量为12m³和15m³。

下面简要介绍几种国内常用的垃圾收集车。

（1）简易自卸式收集车

这是国内最常用的收集车，一般是在解放牌或东风牌货车底盘上加装液压倾斜机构的垃圾车加以改装而成（载重量3～5t）。常见的收集车有两种形式。一是罩盖式自卸收集车，为了防止运输途中垃圾飞散，在原敞口的货车上加装防水帆布盖或框架式玻璃钢罩盖，后者可通过液压装置在装入垃圾前启动罩盖，要求密封程度较高；二是密封式自卸车，即车厢为带盖的整体容器，顶部开有数个垃圾投入口。简易自卸式垃圾车一般配以叉车或铲车，便于在车厢上方机械装车，适宜于固定容器收集法作业。

（2）活动斗式收集车

这种收集车的车厢作为活动敞开式贮存容器，平时放置在垃圾收集点。因车厢贴地且容量大，适宜贮存装载大件垃圾，故亦称为多功能车，用于拖曳容器收集法作业。

（3）侧装式密封收集车

这种车型为车辆内侧装有液压驱动提升机构，提升配套圆形垃圾桶，可将地面上的垃圾桶提升至车厢顶部，由倒入口倾翻，空桶复位至地面。倒入口有顶盖，随桶倾倒动作而启闭。国外这类车的机械化程度高，改进形式很多，一个垃圾桶的卸料周期不超过10s，保证较高的工作效率。另外提升架悬臂长、旋转角度大，可以在相当大的作业区内抓取垃圾桶，故车辆不必对准垃圾桶停放。

（4）后装式压缩收集车

这种车是在车厢后部开设投入口，装配有压缩推板装置。通常投入口高度较低，能适应老年人和小孩倒垃圾，同时由于有压缩推板，适应体积大、密度小的垃圾收集。这种车与手推车收集垃圾相比，功效提高6倍以上，大大减轻了环卫工人的劳动强度，缩短了工作时间，另外还减少了二次污染，方便了群众。

2.收集车劳力配备

每辆收集车配备的收集工人，需按车辆型号与大小、机械化作业程度、垃圾容器放置地点与容器类型等情况而定。一般情况，除司机外，人力装车的3t简易自卸车配2人；人力装车的5t简易自卸车配3～4人；多功能车配1人；侧装密封车配2人。

3.收集次数与作业时间

关于垃圾收集次数，我国各城市住宅区、商业区基本上要求及时收集，即日产日清。在欧美各国则划分较细，一般情形，对于住宅区的厨房垃圾，冬季每周两三次，夏季至少三次；对旅馆酒家、食品工厂、商业区等，不论夏冬每日至少收集一次；煤灰夏季每月收集两次，冬季改为每周一次；如厨房垃圾与一般垃圾混合收集，其收集次数可采取二者之折中或酌情而定。国外对废旧家用电器、家具等庞大垃圾则定为一月两次，对分类贮存的废纸、玻璃等亦有规定的收集周期，以利于居民的配合。垃圾收集时间，大致可分昼间、晚间及黎明三种。住宅区最好在昼间收集，晚间可能骚扰住户；商业区则宜在晚间收集，此时车辆行人稀少，可增快收集速度；黎明收集，可兼有白昼及晚间之利，但集装操作不便。总之，收集次数与时间，应视当地实际情况，如气候、垃圾产量与性质、收集方法、道路交通、居民生活习俗等而确定，不能一成不变，其原则是希望能在卫生、迅速、低价的情形下达到垃圾收集的目的。

（三）生活垃圾的收运路线

生活垃圾收运模式的设计是在以下条件下进行的：

（1）已按照可持续发展要求确定了生活垃圾处理的方针、政策；

（2）对生活垃圾的产量及成分作了预测；

（3）已经确定了生活垃圾处理方法及选定了处理地点。

在生活垃圾收集操作方法、收集车辆类型、收集劳力、收集次数和作业时间确定以后，就可着手设计收运路线，以便有效使用车辆和劳力。收集清运工作安排的科学性、经济性的关键就是合理的收运路线。

一条完整的收集清运路线大致由"实际路线"和"区域路线"组成。前者指垃圾收集车在指定的收集范围内所行驶经过的实际收集路线，又可称为微观路线；后者指装满垃圾后，收集车为运往转运站（或处理处置场）需走过的地区或街区。

1.实际路线的设计

收运路线设计的主要问题是卡车如何通过一系列的单行线或双行线街道行驶，以使得整个行驶距离最小。换句话说，其目的就是使空载行程最小。

消除空载行程的设计问题，国外早在1736年便着手了。经过多年的研究及多名数学家的归纳总结，他们提出了一整套用于确定实际路线的法则，其中有些是普通的见解，有些则是确定整个网络策略的指南。

（1）行驶路线不应重叠，而应紧凑和不零散；

（2）起点应尽可能靠近汽车库；

（3）交通量大的街道应避开高峰时间；

（4）在一条线上不能横穿的单行街道应在街道的上端连成回路；

（5）一条不同的街道在街道右侧时应予以收集；

（6）小山上的废物应在下坡时收集，便于卡车下滑；

（7）环绕街区尽可能采用顺时针方向；

（8）长而笔直的路应在形成顺时针回路之前确定为行驶线；

（9）绝不要用一条双行街道作为结点唯一的进出通路，这样可以避免180° 的大转弯。

根据上述法则，在研究探索较合理的实际路线时，需考虑以下几点：每个作业日每条路线限制在一个地区，尽可能紧凑，没有断续或重复的线路；平衡工作量，使每个作业每条路线的收集和运输时间都合理地大致相等；收集路线的出发点从车库开始，要考虑交通繁忙和单行街道的因素。

2.区域路线的设计

对于一个小型的、独立的居民区，确定区域路线的问题就是寻找一条从路线的终端到处置地点之间最直接的道路。而区域较大的城区，通常可以使用分配模型来拟制区域路线，从而获得最佳的处置与运输方案。所谓的分配模型，其基本概念是在一定的约束条件下，使目标函数达到最小。在区域路线设计工作中使用该模型可以将其优点极大地发挥出来。该技术中使用最多的是线性规划。

最简单的分配问题是对于有多个处置地点的固体废物的分配最优化。显然最常用的办法是将最近处的废物源首先分配，然后是下一个最靠近的，以此类推。而对于较复杂的系统，有必要应用最优化技术。运输规则系统是最适宜的优化方案，它是一种线性规划。

3.垃圾收运系统的衡量标准

衡量一个垃圾收运系统的优劣应从以下几个方面进行。

（1）与系统前后环节的配合

合理的收运系统应有利于垃圾由产生源向系统的转移，而且具有卫生、方便、省力的优点。收运系统与垃圾处理之间应协调，其中包括工艺协调、接合点协调。

工艺协调指的是收集系统必须与所在城市所采用的垃圾处理工艺的协调，必须根据具体的处理工艺来确定收集的方式，等等。而接合点的协调是指收运系统与垃圾处理场接合点的协调，通常为垃圾运输（或转运）车辆与处理场卸料点的配合。

（2）对环境的影响

有对外部环境的影响和内部环境的影响之分。应严格避免系统对外部环境的影响，包括垃圾的二次污染、嗅觉污染、噪声污染和视觉污染等，对系统内部环境的影响是指作业环境的不良。

（3）劳动条件的改善

一个合理的收运系统应最大限度地解放劳动力，降低操作工人的劳动强度，改善劳动条件，具有较高的机械化、自动化和智能化程度。

（4）经济性

这是衡量一个收运系统优劣的重要指标，其量化的综合评价指标是收运单位垃圾的费用，简称单位收运费。影响单位收运费的因素很多，主要有收运方式、运输距离、收运系统设备的配置情况及管理体系等。

第四章　建筑垃圾资源化利用设备

第一节　破碎设备

一、设备介绍

1.按照工作原理进行分类

（1）冲击式破碎机

冲击式破碎机靠物料与锤头、物料与物料之间的高速撞击产生冲击性高的解理破碎。

（2）层压式破碎机

层压式破碎机靠相互挤压产生的压力使物料破碎。

2.按照台时产量分类

按单台破碎设备每小时的生产能力（t/h），可以将破碎机分为大、中、小三类。

（1）大型破碎机

生产能力为300～1500t/h。

（2）中型破碎机

生产能力为100～300t/h。

（3）小型破碎机

生产能力为0～100t/h。

3.从转子的角度对破碎机进行分类

（1）根据转子数量划分

①单转子破碎机：一台破碎机配置一套转子的设备即单转子破碎机；②双转子破碎机：一台破碎机配置两套转子的设备即双转子破碎机。

（2）根据转子尺寸划分

①转子在运行中锤头运转后外圆直径即转子直径。转子两端箭头之间的长度即转子长度；②两端锤头之间的长度即转子长度。

二、工作原理

（一）DPF建筑垃圾专用破碎机

建筑垃圾再生细骨料破碎过程中，根据物料本身的物理特性，通常采用两级破碎，破碎产品的粒度为0～10mm。为了提高细骨料的产量，采用三级破碎是非常有效的手段，使破碎产品大部分达到10mm以下。市场现已推出DPF系列建筑垃圾破碎专用机型，该设备既可实现多级破碎为一级破碎，又能满足粒型规整的需要，为建筑垃圾骨料再生破碎工艺提供了一套较为完美的解决方案。

1.破碎机总成

原矿通过给料设备喂入破碎机的进料口后，堆放在机体内特设的中间托架上。锤头在中间托架的间隙中运行，将大块物料连续击碎并使其坠落，坠落的小块被高速运转的锤头打击到后反击板而发生细碎，再下落至均衡区。锤头在均整区将物料进一步细碎化后，物料排出。同时，在均整区的衬板上设计有退钢筋的凹槽，物料中混有的钢筋在经过这些凹槽后被排出。均整板到锤头的距离是可以调整的，距离越小，出料粒度越小，反之，出料粒度就越大。

2.破碎机转子总成

（1）转子工作原理

转子由安装在主轴两边的主轴承支承，由大皮带轮接受三角带传递过来的动力，使整个转子体产生转动。在启动的初期，锤头随着转子转动且锤头本身也做360°的自转。随着转子转速的加大，锤头的离心力也不断增大，当达到一定值时锤头完全张开进入工作状态。当物料从进料口下落到锤头的工作范围后，锤头开始破碎作业。破碎后的小块物料进入第二破碎腔进行二次破碎，破碎后的合格物料排出机外。当遇到特大块的物料时，锤头一次破碎不完全，这时锤头就会自动转动并"藏"到锤盘里，从而达到保护锤头和电机的作用。

（2）转子总成组成

转子总成由转子主轴、皮带轮、主轴承、轴承座、锤盘、锤头、锤轴等组成。

（3）系统作用

整个转子系统可以说是破碎机的心脏。一个好的转子要具备良好的动平衡、高使用寿命的耐磨件和高寿命的主轴承。只有具备以上三个特点，才能充分保证破碎机的出料粒度、连续的运转性能。如果一个转子的动平衡不好、耐磨材料和主轴承寿命太短会直接影响到破碎机的运转和产量，造成维护成本升高，检修频繁。

3.壳体总成

（1）壳体的工作原理

壳体是破碎机的支承部件。它承担着支承转子和承受破碎物料的任务。壳体内安装有高强度的衬板和破碎板。当物料由于转子锤头的撞击四处飞溅时，壳体内的衬板起到破碎和收集物料的作用。机壳内有粗破碎腔和细碎腔，经过这两个腔的破碎和细碎后，合格的物料经下部的排料箅板排出。

（2）组成

破碎机壳体由上机壳、下机壳、内部衬板等组成。

（3）系统作用

机壳在破碎机里有支承转子、破碎物料两个作用。机壳要具有良好的焊接性能，要有足够大的强度和刚度，足够小的内应力，这样才能保证破碎机长时间的工作而自身不产生变形。如果一个机壳的强度或刚度不够，会在破碎机长时间的运转过程中产生变形、焊缝开裂等现象，造成破碎机无法正常工作。

4.驱动系统

（1）工作原理

主机产生的动能，通过电动机皮带轮由三角带传递给破碎机的大皮带轮。大皮带轮带动整个转子做圆周运动。从而达到连续运转破碎的目的。

（2）组成

驱动系统由主电动机、电机皮带轮、三角带、大皮带轮组成。

（3）系统作用

驱动系统的功能是把主电动机的动能传递给破碎机。大小皮带轮要用优质的铸铁件生产，以保证长时间的使用不会变形。在结构上要保证小皮带轮有尽可能大的包角，这样小皮带轮的传动效率才能更高。如果驱动系统的大小皮带轮材质不好，就会造成三角带槽的变形进而产生传动带脱落的现象，造成破碎机的停机。

5.耐磨件系统

（1）工作原理

冲击类破碎机是靠锤头对物料的冲击使物料产生动能，然后撞击到机腔内的破碎板上而产生破碎的。

（2）组成

耐磨件系统由锤头、衬板、篦板等组成。

（3）系统作用

破碎机对物料的破碎是依靠耐磨件来完成的。耐磨件在工作时同时承受着物料对它的冲击和磨损，因此要求耐磨件要有足够的表面硬度和内部韧性。这样才能减少破碎机的破碎成本，提高破碎机的运转率。

6.液压系统

（1）工作原理

在破碎机的机壳外部和上机壳外侧安装有液压缸。当启动油泵电动机时，液压油推动液压缸工作，完成锤轴的抽出工作和启盖工作。

（2）组成

液压系统由油泵、输油管道、液压缸、钢结构支架组成。

（3）系统作用

液压系统在破碎机中是个辅助系统，是专门为了方便检修而设计的。液压系统要求有良好的密封性。如果出现漏油现象就不能完全把锤轴抽出，也会提高生产成本。

（二）颚式破碎机

颚式破碎机，简称颚破，典型的PE新型颚破具有破碎比大、产品粒度均匀、结构简单、工作可靠、维修简便、运营费用经济等特点。颚式破碎机广泛运用于矿山、冶炼、建材、公路、铁路、水利和化学工业等众多领域，破碎抗压强度不超过320MPa的各种物料，是初级破碎的首选设备。

1.颚破总成

该系列破碎机的破碎方式为曲动挤压型。电动机驱动皮带和皮带轮，通过偏心轴使动颚上下运动，当动颚上升时肘板和动颚间夹角变大，从而推动动颚板向定颚板接近，与此同时物料被压碎或碾，以达到破碎目的；当动颚下降时，肘板与动颚间夹角变小，动颚板在拉杆、弹簧的作用下离开定颚板，此时破碎物料从破碎腔下口排出。随着电动机连续转动而破碎机动颚做周期性的压碎和排泄物料，进而实现批量生产。

2.动颚总成

（1）工作原理

动颚总成由安装在两边的主轴承支承。当动颚皮带轮转动时带动主轴转动。主轴的中心转动部位有两条偏心的中心线。当主轴沿主中心线转动时，偏心中心线带动动颚作前后及上面的复合运动。当动颚与定颚之间的距离最小时完成破碎工作，当动颚与定颚距离最大时完成排料工作。

（2）组成

动颚由主轴、支承轴承、动颚轴承、动颚体、动颚板、皮带轮、惯性轮等组成。

（3）系统作用

动颚总成是颚破碎物料的部件，要有良好的强度和刚度。动颚板要有良好的耐磨性。支承轴承和动颚体轴承部位要有良好的密封性。由于支承轴承和动颚体轴承在颚破的内部安装，极易进入灰尘，如果密封不好进入灰尘，会极大地降低轴承的使用寿命。

3.壳体

（1）工作原理

壳体是支撑动颚总承和定颚板的部件，要有足够的强度和刚度，以保证整机的运转平稳可靠。

（2）组成

壳体是一个完整的焊接组件或整体的铸钢件。

（3）系统作用

壳体是颚破的主要支承部件。由于颚破工作时的振动大，所以壳体必须有足够的强度和刚度，如果壳体的强度不够颚破在运转的过程中就会发生变形的现象，影响破碎机的工作。

4.驱动系统

（1）工作原理

主机产生的动能通过电动机皮带轮由三角带传递给破碎机的大皮带轮。大皮带轮带动整个转子做圆周运动，从而达到连续运转破碎的目的。

（2）组成

驱动系统由电动机皮带轮、传动皮带、大皮带轮组成。

（3）系统作用

驱动系统的功能是把主电动机的动能传递给破碎机。大小皮带轮要用优质的铸铁件生产，以保证长时间的使用而不会变形。在结构上要保证小皮带轮有尽可能大的包角，这样小皮带轮传动效率才能更高。如果驱动系统的大小皮带轮材质不好，就会造成三角带槽的变形进而产生传动带脱落的现象，造成破碎机的停机。

5.耐磨件系统

（1）工作原理

颚破的动颚板安装在动颚体上，静颚板安装在壳体上。动颚板随着动颚体的复合运动与静颚板的间距作由大变小然后由小变大的变化，从而完成破碎和排料的作业。

（2）组成

耐磨件由动颚板和静颚板组成。

（3）系统作用

颚破是靠动颚板和静颚板的互相挤压而完成破碎作业的。在破碎的过程中动颚板和静颚板同时承受来自物料的正向压力和切向摩擦力。这就要求动颚板既要有足够的表面硬度也要有足够的内部韧性。如果动、静颚板的表面硬度太小就会很快损坏，如果内部的韧性太小就会发生断裂的现象。

（三）反击式破碎机

PF系列反击式破碎机（反击破）是郑州鼎盛工程技术有限公司在吸收国内外先进技术，结合国内砂石行业具体工况条件而研制的最新一代反击破。它采用最新的制造技术，独特的结构设计，加工成品呈立方体，无张力和裂缝，粒形相当好，其排料粒度大小可以调节，破碎规格多样化。本机的结构合理，应用广泛，生产效率高，操作和保养简单，并具有良好的安全性能。

本系列反击破与锤式破碎机相比，能更充分地利用整个转子的高速冲击能量。但由于反击破板锤极易磨损，它在硬物料破碎的应用上也受到限制，反击破通常用来粗碎、中碎或细碎石灰石、煤、电石、石英、白云石、硫化铁矿石、石膏等中硬以下的脆性物料。

1.反击破总成

（1）工作原理

反击式破碎机是一种利用冲击能来破碎物料的破碎机械。当物料进入板锤作用区时，受到板锤的高速冲击使被破碎物不断被抛向安装在转子上方的反击装置上破碎，然后又从反击衬板上弹回到板锤作用区重新被反击，物料由大到小进入一、二、三反击腔重复进行破碎。直到物料被破碎至所需粒度，由机器下部排出为止。调整反击架与转子架之间的间隙可达到改变物料出料粒度和物料形状的目的。

（2）组成

反击破总成由转子部件、机架、反击架组成。①转子架采用钢板焊接而成，板锤被固定在正确的位置，轴向限位装置能有效地防止板锤窜动。板锤采用高耐磨材料制成。整个转子具有良好的动静平衡性和耐冲击性。②机架有底座、中箱架、后上盖，这三部分由坚固、抗扭曲的箱形焊接结构件组成，彼此用高强度螺栓连接。为保证安全可靠的更换易损件，铰链式机架盖可用棘轮装置启闭。建议用户在机架上放置起吊装置，这将有助于更为快捷地打开上机架以更换易损件或检修设备。机架两侧均设有检修门。③本机装有前、后两个反击架，均采用自重式悬挂结构。每一反击架被单独地支撑在破碎机机架上。破碎机工作时，反击架靠自重保持其正常工作位置；过铁时，反击架迅速抬起，异物排除后，又重新返回原处。反击架与转子之间的间隙可通过悬挂螺栓进行调整。反击衬板可以从磨损较大的地方更换到磨损较小的地方。

（3）传动部分

传动部分采用高效窄V形三角皮带传动。与主轴配合的皮带轮采用锥套连接，既增强结合面承载能力，又便于装拆。转子的转速可通过更换槽轮来调整。

2.壳体总成

反击破由前、后反击架、反击衬板、主轴、转子等部分组成。壳体是破碎机的支承部件，要有足够的强度。壳体不能产生变形或开裂现象，在壳体内部不能存在内应力。如果存在内应力且壳体强度不够，会在破碎机运行过程中产生整机的变形，造成破碎机的停机，严重时会造成破碎机的报废。

3.驱动系统

（1）工作原理

主机产生的动能，通过电动机皮带轮由三角带传递给破碎机的大皮带轮，大皮带轮带动整个转子做圆周运动，从而达到连续运转破碎的目的。

（2）组成

驱动系统由主电动机、电动机皮带轮、三角带、大皮带轮组成。

（3）系统作用

驱动系统的功能是把主电动机的动能传递给破碎机。大小皮带轮要用优质的铸铁件生产，以保证长时间的使用而不会变形。在结构上要保证小皮带轮有尽可能大的包角，这样小皮带轮的传动效率才能更高。如果驱动系统的大小皮带轮材质不好，就会造成三角带槽的变形进而产生传动带脱落的现象，造成破碎机的停机。

4.转子部分

（1）工作原理

转子由安装在主轴两边的主轴承支承，由大皮带轮接受三角带传递过来的动力，使整个转子体产生转动。在启动的初期，板锤随着转子转动且板锤本身也做360°的自转。随着转子转速的加大，板锤的离心力也不断增大，当达到一定值时板锤完全张开进入工作状态。当物料从进料口下落到板锤的工作范围后，板锤开始破碎作业。破碎后的小块物料进入第二破碎腔进行二次破碎，破碎后物料下落到皮带传送装置，进行筛分。

（2）组成

转子由主轴、皮带轮、主轴承、轴承座、锤盘、板锤、锤轴等组成。

（3）系统作用

整个转子系统可以说是破碎机的心脏。一个好的转子要具备良好的动平衡、高使用寿命的耐磨件和高寿命的主轴承。只有具备以上三个优点，才能充分保证破碎机的出料粒度、连续的运转性能。如果一个转子的动平衡不好、耐磨材料和主轴承寿命太短会直接影响到破碎机的运转和产量，进而造成维护成本升高，检修频繁。

5.耐磨件系统

板锤是破碎机耐磨备件的核心零件，要有足够的强度和表面硬度。如果板锤没有足够的表面硬度，板锤在运行过程中就会很快损坏，造成破碎机的维护费用升高。如果板锤的韧性不够，板锤就会断裂，造成破碎机设备事故。

6.液压系统

液压缸是用于机器的起盖装置，液压缸不能有漏油现象。如果液压缸有漏油现象，就会造成维护成本的升高及液压缸工作无力，不能完成抽轴作业及启盖作业。

第二节　筛分及辅机设备

一、振动筛分喂料机

振动筛分喂料机是广泛用于冶金、选矿、建材、化工、煤炭、磨料等行业的破碎、筛分联合设备。它可用于剔除天然的细料，为下道工序传送和筛分。振动筛分喂料机集筛分选料与传送喂料功能于一体，在激振装置的振动作用下可使振动和筛分功能得以最大程度的发挥，具有很好的经济性。

（一）振动筛分喂料机工作原理

振动筛分喂料机主要由弹簧支架、给料槽、激振器、弹簧及电动机等组成。激振器是由两个成特定位置的偏心轴有齿轮啮合组成，装配时必须使两齿轮按标记相啮合，通过电动机驱动，使两偏心轴旋转，从而产生巨大的合成直线激振力，使机体在支承弹簧上做强制振动，物料则以此振动为主动力，在料槽上做滑动及抛掷运动，从而使物料前移达到给料的目的。当物料通过槽体上的筛条时，较小的料通过筛条间隙落下，可不经过下道破碎工序，起到了筛分的效果。

（二）振动筛分喂料机用途

1.粗碎破碎机前连续、均匀地给料，在给料的同时可筛分细料，使破碎机能力增大。

2.在工作过程中可把块状、颗粒状物料从储料仓中均匀、定时、连续地送入受料装置。

3.在砂石生产线中为破碎机械连续均匀地喂料避免破碎机受料口的堵塞。

4.可对物料进行粗筛分，其中的双筛分喂料机可以除去来料中的土和其他细小杂质。

二、胶带输送机

胶带输送机是砂石和建筑垃圾破碎生产线的必备设备，主要用于在砂石生产线中连接各级破碎设备、制砂设备、筛分设备，还广泛用于水泥、采矿、冶金、化工、铸造、建材等行业。

胶带输送机又称皮带机、皮带输送机，胶带输送机可在环境温度-20～40℃、输送物料的温度在50℃以下使用。在工业生产中，皮带输送机可用作生产机械设备之间构成连续生产的纽带，以实现生产环节的连续性和自动化，提高生产率和减轻劳动强度。

胶带输送机工作原理和性能特点。胶带输送机是砂石生产线的必备设备，一条砂石生产线通常要用到4～8条胶带输送机。在砂石生产线中，胶带输送机是连接砂石生产线各级破碎设备及给料筛分设备之间的纽带，以实现砂石骨料生产环节的连续性和自动化，从而提高砂石生产线的生产率和减轻人工劳动强度。此外，由于胶带输送机所处位置不同，还常被业内分为主给料皮带机、筛分皮带机等。当然，胶带输送机还被用于移动式建筑垃圾破碎设备、移动筛分站、固定式建筑垃圾处理生产线中。

三、YKF圆振动筛

YKF振动筛轨迹运动为圆形，又称圆振动筛、高效圆振动筛，是一种多层数、新型高效振动筛，专门为采石场筛分料石设计，也可供选煤、选矿、建材、电力及化工部门等用作产品分级。

（一）工作原理

圆振动筛是一种最常见也是使用效果最好的筛分设备，尤其在砂石生产线中，该设备可用于对原料中的细小物料进行筛分，也可用于对一级破碎设备、二级破碎设备破碎后的物料进行筛分，经筛分后符合一定粒度要求的骨料则会被皮带机送到成品料堆。

在YKF圆振动筛运行过程中，电动机通过轮胎式联轴器驱动激振器、偏心块高速度旋转产生强大的离心力，使筛箱做强制性、连续的圆运动，物料则随筛箱在倾斜的筛面上做连续的抛掷，不断地翻转和松散，细粒级有机会向料层下部移动并通过筛孔排出，卡在筛孔的物料可以跳出，防止筛孔堵塞，这样周而复始就完成了粒度的分级和筛选过程。

（二）性能特点

YKF系列为国内新型机种，该机采用一块偏心激振器及轮胎联轴器，具有结构先进、激振力强、振动噪声小、坚固耐用、易于维修等特点。经多条砂石生产线生产实践证明，该系列圆振动筛具有以下性能特点：

1.通过调节激振力改变和控制流量，调节方便、稳定；

2.振动平稳、工作可靠、寿命长；

3.结构简单、重量轻、体积小、便于维护保养；

4.可采用封闭式结构机身，防止粉尘污染；

5.噪声低、耗电小、调节性能好，无冲料现象。

四、收尘器

收尘器是一种应用比较广泛的除尘设备。收尘器一般有袋式收尘器、脉冲袋式收尘器、电收尘器等。收尘器的主要用途有两种：一种是除去空气中的粉尘，改善环境，减少污染，所以有时候又把这种用途的收尘设备叫作除尘设备，如工厂的尾气排放使用的收尘设备；另一种是通过收尘设备筛选收集粉状产品，如水泥系统对成品水泥的收集提取。

袋式收尘器以收尘风机带动含尘气体进入收尘器内部尘室，空气通过滤袋变洁净后由收尘风机排出，而粉尘则被阻止，吸附在滤袋的外表面，然后由脉冲阀控制向滤袋内部喷吹高压气体，将粉尘振落，进入集料斗，经过锁风下料装置（有星形卸料装置和翻板阀两种锁风装置，具体使用哪种视使用环境而定）排出。

五、XS 轮斗式洗砂机、螺旋洗砂机

（一）XS 轮斗式洗砂机

XS轮斗式洗砂机（又称洗砂机、洗沙机）主要用在制砂工艺中，用于清洗砂子中的泥土、粉尘等，亦可用于选矿等作业中的提砂或类似的工艺中，达到洁净砂子的目的。在生产过程中，传动部分与水、砂隔离，故障率大大低于螺旋洗砂机，是国内洗砂机设备升级换代的首选。

1.工作原理

XS轮斗式洗砂机具有洗净度高、结构合理、产量大、洗砂过程中砂子流失少等特点，因而被广泛用于砂石场、矿山、建材、交通、化工、水利水电、混凝土搅拌站等行业中对物料进行洗选。在运行过程中，轮斗式洗砂机经电动机、减速机的传动，驱动水槽中的叶轮不停地做圆周转动，从而将水槽中的砂石或矿渣颗粒物料在水中搅拌、翻转、淘洗后将物料在叶轮中脱水后排出。

2.性能特点

（1）XS轮斗式洗砂机在洗砂过程中细砂和石粉流失少，所洗建筑砂级配合理，细度模数达到国家《建筑用砂》《建筑用卵石、碎石》的标准要求。

（2）XS轮斗式洗沙机结构简单，叶轮传动轴承装置与水和受水物料隔离，避免轴承因浸水、砂和污染物导致损坏，大大降低了故障率。

（3）使用XS轮斗式洗沙机洗沙，成品洁净度高、处理量大、功耗小、

使用寿命长。

（二）螺旋洗砂机

XS系列螺旋式洗砂机可清洗并分离砂石中的泥土和杂物，其新颖的密封结构、可调溢流堰板，可靠的传动装置确保清洗脱水的效果，可广泛应用于公路、水电、建筑等行业。该螺旋洗砂机具有洗净度高、结构合理、处理量大、功耗小、砂子流失少（洗砂过程中）等优势，其传动部分均与水、砂完全隔离，故其故障率远远低于目前常用的螺旋洗砂机设备。

1.工作原理

XS螺旋式洗砂机在工作时，电动机通过三角带、减速机、齿轮减速后带动叶轮缓慢转动，砂石由给料槽进入洗槽中，在叶轮的带动下翻滚，并互相研磨，除去覆盖砂石表面的杂质，同时破坏包覆砂粒的水汽层，以利于脱水；同时加水，形成强大水流，及时将杂质及相对密度小的异物带走，并从溢出口洗槽排出，完成清洗作用。干净的砂石由叶片带走。最后，砂石从旋转的叶轮倒入出料槽，完成砂石的清洗作用。

2.性能特点

（1）该螺旋洗砂机结构简单，性能稳定，叶轮传动轴承装置与水和受水物料隔离，大大避免了轴承因浸水、砂和污染物导致损坏的现象发生。

（2）中细砂和石粉流失极少，所洗建筑砂级配和细度模数达到国家《建筑用砂》《建筑用卵石、碎石》的标准。

（3）该机除筛网外几乎无易损件，使用寿命长，长期不用维修。

第三节 建筑垃圾破碎生产线系统

一、概述

随着城市建设步伐的加快，建筑垃圾的产生和排放量也在快速增长，占垃圾总量的40%～45%，已成为城市管理的难题。传统的掩埋方式不仅需要投入大量的人力、物力和财力，而且还要占用大量土地，使原本能够循环利用的资源浪费严重。

节能、节地与利用废弃物的建筑垃圾制砖项目，不仅可以解决大部分建筑垃圾的出路问题，而且对节约能源消耗，实现资源再利用，发展循环经济，建设环境友好型和资源节约型社会将产生积极作用。

建筑垃圾经过处理，将有80%用于生产再生骨料，配合水泥、石子等材料，进行深加工，制作生产绿色低碳环保新型建筑材料，实现了资源再利用，并且具有很高的市场价值。

二、建筑垃圾破碎生产线配置

（一）固定式建筑垃圾生产线

传统建筑垃圾生产线配置以鄂破、反击破配置为主，配备相应的除铁和除湿设备。

（二）单段式建筑垃圾生产线

例如，郑州鼎盛工程技术有限公司的专利产品——单段反击式锤破，其具有进料比大、破碎比大、产量大、功率低等优点，只用一台主机就可以替代传统模式破碎机，简化工艺流程，变多级破碎为一级破碎，成本降低

26%，产量增加12%。

1.固定式生产线优点

（1）厂区规划科学、形象好；（2）用水、用电方便；（3）粉尘可以得到很好的治理；（4）噪声污染可以得到很好的治理；（5）原材料和再生骨料可以得到很好的储存。

2.固定式生产线缺点

（1）基础建设投资大；（2）施工周期长；（3）不可移动作业，对原料开采局限性大；（4）人工成本高；（5）环保投入大。

（三）移动式建筑垃圾生产线

1.轮胎式移动破碎站

轮胎式系列移动破碎站大大拓展了粗碎、细碎作业领域，把消除破碎场地、环境、繁杂基础配置带给客户破碎作业的障碍作为首要解决问题，真正为客户提供简捷、高效、低成本的项目运营硬件设施。

轮胎式系列移动破碎站具有以下性能特点：移动性强；一体化整套机组；降低物料运输成本；组合灵活，适应性强；作业直接有效。

一体化机组设备安装形式，消除了分体组件的繁杂场地基础设施安装作业，降低了物料消耗、减少了工时。

2.履带式移动破碎站

履带式移动破碎站采用液压驱动的方式，该技术先进，功能齐全，在任何地形条件下，此设备均可达到工作场地的任意位置，达到国际同类产品水平。采用无线遥控操纵，可以非常容易地把破碎机开到拖车上，并将其运送至作业地点，无须装配时间，设备一到作业场地即可投入工作。

履带式移动破碎站有如下性能特点。

（1）噪声小、油耗低，真正地实现了经济环保。

（2）整机采用全轮驱动，可实现原地转向，具有完善的安全保护功能，特别适用于场地狭窄、复杂区域。

（3）底盘采用履带式全刚性船型结构，强度高，接地比压低，通过性好，对山地、湿地有很好的适应性。

（4）集机、电、液一体化的典型多功能工程机械产品。其结构紧凑、整机外形尺寸有大中小不同型号。

（5）运输方便，履带行走不损伤路面，配备多功能属性，适应范围广。

（6）一体化成组作业方式，消除了分体组件的繁杂场地基础设施及辅助设施安装作业，降低了物料、工时消耗。机组合理紧凑的空间布局，最大限度地优化了设施配置在场地驻扎的空间，拓展了物料堆垛、转运的空间。

（7）机动性好，履带式系列移动破碎站车更便于在破碎场区崎岖恶劣的道路环境中行驶，为快捷地进驻工地节省了时间，更有利于进驻施工合理区域，为整体破碎流程提供了更加灵活的作业空间。

（8）降低物料运输费用，履带式系列移动破碎站，本着物料"接近处理"的原则，能够对物料进行第一线的现场破碎，免除了物料运离现场再破碎处理的中间环节，极大降低了物料的运输费用。

（9）作业作用直接有效，一体化履带系列移动破碎站，可以独立使用，也可以针对客户对流程中的物料类型、产品要求，提供更加灵活的工艺方案配置，满足用户移动破碎、移动筛分等各种要求，使生成组织、物流转运更加直接有效，最大化地降低成本。

（10）适应性强配置灵活，履带式系列移动破碎站，为客户提供了简捷、低成本的特色组合机组配置，针对粗碎、细碎筛分系统，可以单机组独立作业，也可以灵活组成系统配置机组联合作业。料斗侧出为筛分物料输送方式提供了多样配置的灵活性，一体化机组配置中的柴油发电机除给本机组供电外，还可以针对性地给流程系统配置机组联合供电。

（11）性能可靠维修方便，履带式系列移动破碎站，配置的PE系列、PF系列、HP系列、PV系列破碎机，高破碎效率，多功能性、优良的破碎产品质量，具有轻巧合理的结构设计、卓越的破碎性能、可靠稳定的质量保证，最大范围地满足粗、中、细物料的破碎筛分要求。

三、建筑垃圾破碎处理方面的优势

（一）双筛分振动喂料机除土系统

"双筛分"振动筛分喂料机，可有效去除原料中的杂土，简化工艺流程，减少占地面积，降低了设备投资。

（二）轻物质处理器系统

轻物质处理器，利用旋风气流分级技术，以一种均衡的速率喂入，并且通过喂料辊进到气流分级的分离室。然后在强气流的作用下灰尘和轻物质被分离，灰尘和轻物质被直接导入沉降室同成品物料分离，分离了灰尘和轻物质的物料从分离器的另一个出口排出。

设备有以下两个特点：一是循环风设计，减少扬尘，提高设备效率；二是一次除杂率达90%以上，并可多级串联，最大程度上实现除杂效果。

（三）人工分选处理系统

针对建筑垃圾有大块的木头和塑料等杂质物料进入破碎系统难以处理等问题，在保障安全的前提下预留出专门的人工分选平台和车间，能有效去除原料中的大型杂质物料，提高成品质量。

（四）双极除铁系统

双极除铁系统，采用源头和成品双极除铁工艺，有效地提高了设备的运转效率和成品的纯净度，对收集的铁质原料采用液压打包机进行打包，便于储存和搬运。

（五）三级粉尘治理系统

为了有效地控制粉尘的排放量，减少其对周围环境的影响，三级粉尘治理系统采取以防为主的方针，从工艺设计上尽量减少生产中的扬尘环节，选择扬尘少的设备；对于胶带机输送的物料尽量降低物料落差，加强密闭，减少粉尘外溢；物料的装卸、倒运及物料的露天堆场等处考虑喷水增湿，减少扬尘；扬尘点采用高效袋式除尘器除尘，即三级除尘处理方案：减尘方案、降尘方案、除尘方案。

1.减尘方案

通过对整条生产线的优化设计和提升密封性，减少粉尘的产生，此方案可以减少后续扬尘量的60%～75%，能有效降低后续降、除尘负荷。

2.降尘方案

降尘主要通过高效喷雾装置将悬浮的粉尘尽快降下，减少污染；本项目采用国内知名的北京新景有限公司的喷雾装置，确保水的雾化效果；此方案可减少20%～30%的扬尘量并有效控制刮风天气及汽车装卸料时的间断性扬尘。

3.除尘方案

除尘方案可使粉尘排放量不大于$40mg/NM^3$，完全达到国家标准。目前的除尘设备主要有旋风除尘、电除尘器、袋式除尘器、水除尘器。

（六）自动钢筋剪切系统

该系统通过在破碎设备内增加相应的剪切装置，能对进破碎机物料内含的钢筋进行剪切破碎，防止钢筋缠绕转子和损坏设备，大大提高了设备运转的安全性和运转率。

第四节　耐磨件产品

一、锤头的材质

（一）奥氏体耐磨钢

高锰钢的主要成分是$\omega c=0.9\%～1.5\%$，$\omega Mn=11\%～14\%$。经热处理后得到单相奥氏体组织，由于高锰钢极易冷变形强化，使切削加工困难，故基本上是铸造成形后使用。

高锰钢铸件的牌号，前面的"ZG"是"铸钢"两字汉语拼音字首，其后是化学元素符号"Mn"，随后数字"13"表示平均锰的质量分数的百倍（即平均 $\omega Mu=13\%$），最后一位数字1、2、3、4表示顺序号。如ZGMn13-1，表示I号铸造高锰钢，其碳的质量分数最高 $\omega c=1.00\% \sim 1.50\%$；而4号铸造高锰钢ZGMn13-4，碳的质量分数低 $\omega c=0.90\% \sim 1.20\%$。

高锰钢由于铸态组织是奥氏体+碳化物，而碳化物的存在要沿奥氏体晶界析出，降低了钢的韧性与耐磨性，所以必须进行水韧处理。所谓"水韧处理"，是将高锰钢铸件加热到1000～1100℃，使碳化物全部溶解到奥氏体中，然后在水中急冷，防止碳化物析出，获得均匀的、单一的过饱和单相奥氏体组织。这时其强度、硬度并不高，而塑性、韧性却很好（ $\sigma b \geqslant 637 \sim 735N/mm^2$， $\delta 5 \geqslant 20\% \sim 35\%$，硬度 $\leqslant 229HBS$，$Ak \geqslant 118J$）。但是，当工作时受到强烈的冲击或较大压力时，表面因塑性变形会产生强烈的冷变形强化，从而使表面硬度提高到500～550HBW，因而获得较高的耐磨性，而内部仍然保持着原来奥氏体所具有的高塑性与韧性，能承受冲击。当表面磨损后，新露出的表面又可在冲击和磨损条件下获得新的硬化层。因此，这种钢具有很高的耐磨性和抗冲击能力。但要指出，这种钢只有在强烈冲击和磨损下工作才能显示出高的耐磨性，而在一般机器工作条件下高锰钢并不耐磨。

高锰钢被用来制造在高压力、强冲击和剧烈摩擦条件下工作的抗磨零件，如坦克和矿山拖拉机履带板、破碎机颚板、挖掘机铲齿、铁道道岔及球磨机衬板等。

（二）耐磨合金钢

20世纪80年代以来，我国科研工作者根据高锰钢韧性富余而硬度过低、高铬铸铁硬度高而韧性不足的状况，借鉴国外经验，结合我国资源，研发出的多种耐磨合金钢，具有较高的韧性及硬度，综合机械性能优良，应用范围更广。

（三）中高碳合金钢

由于中碳低合金钢的合金含量不高，淬透性差，油淬工艺复杂、成本高，因此又研制了适当提高合金含量、采用风淬的中碳中合金钢。热处理采用风淬，组织为马氏体+弥散碳化物，力学性能为硬度HRC42～55、冲击韧性15～50J/cm^2，综合机械性能优异。常在大型磨机衬板、隔仓板、篦板及颚板、小锤头上应用，型号有ZC40Cr5Mo、ZC40Cr5Mo、ZCG60CrSMo。

（四）高铬铸铁

科学家对含铬10%～30%的合金白口铁进行了研究，发现高铬铸铁有很多优点。

1.在含铬12%时可以形成Cr_7C_3型碳化物，显微硬度HV1300～1800，比普通白口铁中Fe_3C型碳化物的显微硬度（HV800～1100）高很多，因此耐磨性好。

2.碳化物形状变为断网状、菊花状，比网状碳化物韧性高。此外，高铬铸铁的基体可以通过不同的热处理工艺来获得从全部奥氏体到全部马氏体的各种基体，扩大其应用范围，满足不同工况条件的需要。

（五）粉末冶金材料

粉末冶金是用金属粉末或金属与非金属粉末的混合物作原料，经压制成形后烧结，以获得金属零件和金属材料的方法。它是一种不经熔炼生产材料或零件的方法，又是一种精密的无切屑或少切屑的加工方法。粉末冶金可生产其他工艺方法无法制造或难以制造的零件和材料，如高熔点材料、复合材料、多孔材料等。

（六）硬质合金

硬质合金是采用高硬度、高熔点的碳化物粉末和黏结剂混合、加压成形、烧结而成的一种粉末冶金材料。硬质合金的硬度，在常温下可达86～93HRA（相当于69～81HRC），红硬性可达900～1000℃。因此，其切削速度比高速钢可提高4～7倍，刀具寿命可提高5～80倍。由于硬质合金的硬度高、脆性大，不能进行机械加工，故常将其制成一定形状的刀片，镶焊在刀体上使用。

1.钨钴类硬质合金

钨钴类硬质合金的主要化学成分为碳化钨及钴。其牌号用"硬"和"钴"两字的汉语拼音的字首"YG"加数字。数字表示钴的质量分数。钴含量越高，合金的强度、韧性越好；钴含量越低，合金的硬度越高、耐热性越好。例如，YG6表示钨钴类硬质合金ωCo=6%，余量为碳化钨。这类合金也可以用代号"K"来表示，并采用红色标记。

2.钨钴钛类硬质合金

钨钴钛类硬质合金的主要成分为碳化钨、碳化钛和钴。其牌号用"硬"和"钛"两字的汉语拼音的字首"YT"加数字。数字表示碳化钛的质量分数。例如，YT15表示碳化钛硬质合金ωTiC=15%，余量为碳化钨和钴。这类合金也可用代号"P"表示，并采用蓝色标记。

3.钢结硬质合金

钢结硬质合金碳化钛与高锰钢混合烧结而成，如型号TM52的钢结硬质合金含48%的碳化钛，型号TM60的钢结硬质合金含40%的碳化钛。

二、典型易损件耐磨材料的选择

（一）锤头的磨损机制

当物料与高速旋转的锤头撞击时，物料尖角压入锤面，形成撞击坑，其冲击力全部转为对锤面的压应力，此时锤头属于冲击凿削磨损。当物料以一定角度撞击锤头或锤头与篦板相互搓磨时，冲击力分解为平行锤面的切向应力，对锤头表面进行切削，形成一道道切削沟槽，则为切削冲刷磨损。

（二）影响锤头使用寿命的因素

锤头的磨损情况与诸多因素有关，如物料性质（入机粒度、种类、硬度、水分、温度等）、锤头线速度、篦板篦缝的大小等。合理选材十分重要。

（三）锤头材料的选择

1.大型破碎机：进料粒度＞400mm，单重50～125kg及以上的大锤头，因为受冲击力大，应该以安全使用为前提，主要选择高韧性的超高锰合金钢，也可选用合金化高锰钢。

2.中型破碎机：入料粒度＜200mm，单重50kg以下的锤头，受冲击力相对较小，普通高锰钢加工硬化能力不能充分发挥，因而不耐磨，应该选择含碳量为上限的合金高锰钢或中低碳合金钢。

3.小型破碎机：入料粒度＜50mm，单重15kg以下的锤头，受冲击力更小，不适宜选用高锰钢，可选择中碳中合金钢，更适宜选用复合铸造锤头。锤头顶部采用高铬铸铁，锤柄用35#钢或低合金钢，两种材料分别发挥各自的特点。

入料粒度＜100mm的细碎机锤头，受冲击力适中，应选用高韧性超高铬铸铁，硬度＞HRC60，冲击韧性＞8J/cm^2，使用寿命可比高锰钢提高3~5倍。

（四）单段破碎机锤头

单段锤破大锤头用于破碎500～1500mm大块石料的单段锤式破碎机，锤头单重80～220kg。因承受的冲击力太大，锤头材质有如下五种选择。因石灰石的性质差异太大，目前尚不能确认哪种方案最好，只能通过对比使用后合理选择。

1.合金高锰钢锤头：在ZGMn13中加入Cr、Mo等合金。

2.超高锰钢含Mn16%以上，并加入Cr、Mo等合金。

3.表面堆焊锤头：高锰钢锤头工作面堆焊TM55（Mn系）、ZD3（Cr系）等，表面堆焊层硬度HRC56～62。

4.双金属铸造锤头：Magoteaux公司头部高铬铸铁+柄部铬钼合金钢（头部：3.4%C，16%Cr，HRC≥61。柄部：0.2%C，1.9%Cr）。

5.合金高锰钢头部镶铸硬质合金块。

第五章　火灾调查概述

第一节　火灾及其危害性

一、火灾特性及类型

（一）火灾的特性

火灾作为一种失去控制、造成灾害性损失的燃烧现象，其同时具有确定性和成长性、随机性和多变性等特性。

1.确定性和成长性

可燃物着火引起火灾必须具备一定的条件，火灾的发展和蔓延也相应地遵循一定的规律，这是火灾特性中确定性的一面。

火灾的发生必须同时具备三大要素，即可燃物、助燃物（一般指氧气）和点火源，这三者构成了"燃烧三角形"。只有这三个要素都具备且发生相互作用时，燃烧才会发生并持续进行。缺少任何一个要素，燃烧都不可能发生。

火灾的成长性是指在不受外力干扰下，火灾具有不断发展变化与蔓延扩大的特性。火灾发生时，如果没有破坏火灾三要素的因素出现，火灾将持续发展，其过火面积随燃烧时间的增加而扩大。从火灾发展和蔓延的特点来看，火灾初期是扑救和逃生的最佳时机，此时更容易有效控制火势，减少损失。

2.随机性和多变性

火灾的发生不受时间和空间的限制。火灾的随机性使得任何时间、任何地点都可能发生火灾，火灾的发生往往很难预测。

引起火灾的原因多种多样，火灾的形成和发展过程虽然遵循一定的规律，但每次火灾的发生原因、发展情况却不相同，体现出火灾的多变性。火灾的发生、发展及蔓延特性受到可燃物特性、建筑的结构和布局、消防设施以及火源、天气、地形等众多因素的影响。同时人们的生活习惯、文化修养、操作技能、教育程度、安全知识等社会因素对火灾的发生、火灾初期的处置以及人员的火场逃生效果等也都会产生影响。

（二）火灾的分类

根据不同的分类标准，可以将火灾分为不同的类型。常见的火灾分类方式包括以下几种。

1.根据可燃物的类型和燃烧特性划分

国家标准《火灾分类》GB/T4968-2008中明确规定，根据可燃物的类型和燃烧特性，火灾可划分为A、B、C、D、E、F六大类。

A类火灾：指固体物质火灾，这种物质往往具有有机物质性质，一般在燃烧时产生灼热的余烬，如木材棉、毛麻、纸张等火灾，在我们日常生活中发生的火灾大部分属于A类火灾。

B类火灾：指液体火灾和可熔化固体物质的火灾，如汽油、煤油、原油甲醇、乙醇、沥青和石蜡等火灾。

C类火灾：指气体火灾，如煤气、天然气、甲烷、乙烷丙烷、氢气等火灾。

D类火灾：指金属火灾，如钾、钠、镁、铝镁合金等火灾。

E类火灾：指带电火灾，即物体带电燃烧的火灾。

F类火灾：指烹饪器具内的烹饪物火灾，如动植物油脂火灾。

2.根据起火场所划分

火灾根据发生场合不同，主要可以分为建筑火灾、交通工具火灾、森林火灾、工矿火灾等类型。其中由于各类建筑物是人们生产生活的主要场所，也是财富高度集中的场所，所以在各类火灾中，建筑火灾对人们的危害最严重、最直接。

3.根据火灾损失划分

火灾会对社会造成巨大的损失。其造成的损失包括直接和间接的财产损失、人员伤亡损失、扑救消防费用保险管理费以及投入的火灾防护工程费用等。根据火灾损失的不同，火灾可以分为多个等级。

按照公安部下发的《关于调整火灾等级标准的通知》，新的火灾等级标准由原来的特大火灾、重大火灾、一般火灾三个等级调整为特别重大火灾、重大火灾、较大火灾和一般火灾四个等级。

（1）特别重大火灾

指造成30人以上死亡，或者100人以上重伤，或者1亿元以上直接财产损失的火灾。

（2）重大火灾

指造成10人以上30人以下死亡，或者50人以上100人以下重伤，或者5000万元以上1亿元以下直接财产损失的火灾。

（3）较大火灾

指造成3人以上10人以下死亡，或者10人以上50人以下重伤，或者1000万元以上5000万元以下直接财产损失的火灾。

（4）一般火灾

指造成3人以下死亡，或者10人以下重伤，或者1000万元以下直接财产损失的火灾。

注："以上"包括本数，"以下"不包括本数。

二、燃烧现象与火蔓延规律

（一）可燃气体燃烧与火蔓延

可燃气体泄漏到空气中，与空气混合会形成预混气体。一旦预混气体着火燃烧，就会使可燃预混气体爆炸或形成快速火蔓延，从而使火灾规模扩大，火灾危害加重。因此，研究可燃气体火灾蔓延问题，具有十分重要的意义。

对于可燃气体火灾，预混气体的火焰传播特性对其燃烧过程有显著影响。从特性上看，预混气体中的火焰传播可分为层流火焰传播、湍流火焰传播和爆轰。

1.层流火焰传播

处于层流状态的火焰因预混气体流速不高没有扰动，所以火焰表面光滑，燃烧状态平稳。火焰通过热传导和分子扩散把热量和活化中心（自由基）供给邻近的尚未燃烧的预混气体薄层，使火焰传播下去。

2.湍流火焰传播

当预混气体流速较高或流通截面较大、流量增大时，流体中将产生大大小小数量极多作无规则的旋转和移动的流体涡团。在流体流动过程中，流体涡团穿过流线并前后和上下扰动。火焰长度缩短，焰锋变宽，并有明显的噪声，焰锋不再是光滑的表面，而是抖动的粗糙表面。

3.爆轰

预混气体的燃烧有可能发生爆轰。爆轰（detonation）又称爆震，它是一个伴有大量能量释放的化学反应传输过程，反应区前沿为以超声速运动的激波，称为爆轰波。发生爆轰时，火焰传播速度非常快，一般超过音速，产生的压力也非常大，对设备的破坏非常严重。能够发生爆轰的系统可以是气相、液相、固相或气—液、气—固和液—固等混合相组成的系统。

（二）可燃液体燃烧与火蔓延

可燃液体燃烧时，火焰并不紧贴在液面上，而是在空间的某个位置。在燃烧之前，可燃液体先蒸发，其后是可燃蒸气的扩散，并与空气掺混形成可燃混合气，起火燃烧后在空间某处形成预混火焰或扩散火焰。

根据液体可燃物所处的状态，其火蔓延可分为下列几种：油池（油罐）火灾火蔓延、油面火灾火蔓延、含油的固面火灾火蔓延及液雾火灾火蔓延等。

1.油池（油罐）火灾火蔓延

当液体燃料容器附近有热源或火源时，在辐射和对流的影响下，液体表面被加热，导致蒸发加快，液面上方的燃料蒸气增加。当其与周围的空气形成一定浓度的可燃混合气，并达到着火温度时，可以发生燃烧。这种在可燃液体表面发生的液面燃烧是可燃液体燃烧的主要形式。由于液体容易燃烧，一旦着火，火焰会迅速蔓延至整个液面。在火灾研究中，这种燃烧一般称为池火。

2.油面火灾火蔓延

油面火灾是指在大面积水面上的一层较薄的浮油燃烧时引起的火灾。油面火灾与油池火灾的区别在于：油面火灾是一个不断扩大的过程。一旦着火，很快就在整个油面上形成火焰。由于燃烧情况不同，蔓延规律也不同，描述该过程的参数也不相同。

在静止环境中，油的初温对火焰蔓延速度有显著影响。开始时油面火蔓延速度随着初温的升高而变大；当初温达到某个值之后，油面火蔓延速度趋于某个常数。

3.含油的固面火灾火蔓延

当可燃液体泄漏到地面，如土壤、沙滩上，地面就成了含有可燃物的固体表面，一旦着火燃烧就形成了含油的固面火灾。

含油的固面火灾的蔓延首先与可燃液体的闪点有关，当液体初温较高，尤其是大于闪点时，含油的固面火灾的蔓延速度较快。随着风速增大，含可燃液体的固面火灾的蔓延速度减小，当风速增加到某一值之后，蔓延速度急剧下降，甚至火焰熄灭。

4.液雾火灾火蔓延

当燃油容器或输油管道破裂时，燃油就从容器内或管道内喷出而形成油雾。此时一旦着火燃烧，就会形成油雾中的火灾蔓延。油雾的燃烧在动力装置（如喷气发动机燃烧室、内燃机气缸、油炉等）中的应用很广泛。

燃油容器破裂或输油管道破裂所形成的喷雾条件一般较差，雾化质量不高，产生的液滴直径较大。而且液滴所处的环境温度为室温，所以液滴蒸发速度较小，着火燃烧后多形成滴群扩散火焰。

（三）可燃固体燃烧与火蔓延

1.可燃固体的起火

相对于气体可燃物和液体可燃物而言，固体可燃物的燃烧过程比较复杂，其火灾蔓延过程也比较复杂。可燃固体在起火之前，通常因受热发生热解、汽化反应，释放出可燃性气体（H_2O、CO_2、C_2H_6、C_2H_4、CH_4、焦油、CO、H_2等）。所以可燃固体起火时仍先形成气相火焰。

（1）木材的热解、汽化

木材从受热到燃烧的一般过程是：在外部热源的持续作用下，先蒸发水分，随后发生热解汽化反应析出可燃性气体，当热分解产生的可燃物与一定比例的空气混合并达到着火温度时，木材开始燃烧。燃烧过程中放出的热量一方面加速木材的分解，另一方面提供维持燃烧所需的能量。

木材的点燃有用明火点燃和在高温下发火自燃两种形式。一般木材的点燃温度为200～290℃，自燃温度为250～350℃，其燃烧的最高温度为800～1300℃。

在明火作用下，根据温度的不同，可以将木材从受热到燃烧的过程分为以下四个阶段。

阶段1：温度由室温至200℃，此阶段木材热分解速度缓慢，主要析出水蒸气和二氧化碳（CO_2）等不燃气体，需要消耗能量，是吸热阶段。

阶段2：温度为200～280℃，此阶段木材热分解速度加快，水分几乎完全蒸发，主要生成一氧化碳（CO）等可燃气体，但可燃气体的生成量较少，仍为吸热阶段。

阶段3：温度为280～500℃，此阶段木材发生急剧热分解，生成大量的甲烷和乙烯等气体产物以及醋酸、甲醇和焦油等液体产物，这些组分都是可燃物，在燃烧时会产生火焰。当温度达到350℃时，热分解结束，木炭开始燃烧，此阶段为放热阶段。

阶段4：温度超过500℃，木材基本已经汽化，快速形成了挥发性和易燃性气体。该阶段对纤维素中炭的利用更为完全，产生了更小的木炭残留物。

总之，木材燃烧的特点是：燃烧产物多、火焰大、温度高、蔓延快。

（2）高分子材料的热解、汽化和液化

使用激光对高分子材料加热，温度不断升高，热解、汽化反应逐渐强化，并形成一束垂直于试件表面的白烟，白烟逐渐变粗并距表面只有3～4mm，随后着火形成预混火焰，最后扩散。添加少量的四氯化碳（CCl_4）可以使燃烧的速度变慢。

（3）薄纸片、布等可燃固体的起火

厚度薄、面积大、总质量相对轻，热容量小，受热后升温很快，容易达到热解、汽化温度，容易起火。薄片物体放置的位置、方向等影响其起火特性。例如，与薄片状固体水平放置状态相比，垂直放置状态因为自然对流有利，改善了供养条件，可燃固体起火延迟时间较短。

（4）钠镁等金属的起火

钠、镁等轻金属在空气中可自燃，须隔绝空气保存。铝、铁、钛等虽在空气中不能燃烧，但在纯氧中可燃烧。并且，金属上方比下方更容易燃烧。

（5）可燃微粒物的起火

可燃微粒物在一般情况下是堆积存放的，堆积体积较大，具有如下特点：松散，氧气容易渗入，对燃烧有利；形状、尺寸不固定，只要有少部分火，将导致整体起火。可燃微粒物输送多用气动力输运，这种方式使可燃微粒物悬浮成为悬浮可燃微粒物。可燃微粒物起火浓度下限与微粒平均直径有关，并且振动将使微粒物质带电，微粒带电后将改变其着火性能。对于煤粉、面粉厂，棉、麻等纺织厂要特别注意微粒物的浓度。

三、建筑火灾蔓延演化规律

（一）建筑火灾的基本发展过程

建筑火灾一般是最初发生在建筑物内的某个房间或区域，然后由此蔓延到相邻房间或区域，进而蔓延到整个楼层，最后蔓延到整个建筑物。

建筑火灾的发展过程可以用建筑内的烟气、火焰平均温度随时间的变化曲线，即火灾升温曲线来描述。

根据建筑火灾温度随时间的变化特点，可以将火灾发展过程分为火灾初期增长阶段、火灾充分发展阶段和火灾减弱熄灭阶段。

1.初期增长阶段

室内发生火灾后，最初只是起火单位及其周围可燃物着火燃烧，这时火灾好像在敞开的空间里进行一样，在火灾局部燃烧形成之后，可能会出现下列三种情况。

（1）最初着火的可燃物质燃烧完，而未蔓延至其他的可燃物质，尤其是初始的可燃物处在隔离的情况下。

（2）如果通风不足，则火灾可能自行熄灭，或受到通风条件的支配，以很慢的燃烧速度继续燃烧。

（3）如果存在足够物质，而且具有良好的通风条件，则火灾迅速发展到整个房间，使房间中的所有可燃物（家具、衣物、可燃装修等）卷入燃烧之中，从而使室内火灾进入全面发展的猛烈燃烧阶段。

火灾初期阶段的特点是：火灾燃烧范围不大，火灾仅限于初始起火点附近；温度差别大，在燃烧区域及其附近存在高温，室内平均温度低；火灾发展速度较慢，在发展过程中火势不稳定；火灾发展时间因受点火源、可燃物质性质和分布以及通风条件影响，其长短差别很大。

在火灾初期阶段中后期，如果火灾没有得到及时控制，可燃物会继续燃烧，进入火灾增长阶段。此时火灾燃烧强度增大、速度加快、温度升高，而且不断生成大量的热烟，燃烧面积扩大。如果房间高度较低，火焰烟气冲击顶棚，则顶棚下面既有烟气流动，又有火焰传播，四周墙壁很快被加热。当热烟气层向外扩散，碰到房间墙壁阻挡时，便开始沿墙壁向下流动，过内门后因烟气温度仍然很高，又向上浮并在墙顶聚集，达到一定厚度后开始向房间中部扩展，使整个顶棚热烟层增厚，靠顶棚的热烟气温度越来越高，火灾范围迅速扩大。当火焰高度大于顶棚高度（强羽流）时，烟气温度较高，对建筑构件有较大破坏。

在建筑火灾中，由于初期阶段火灾范围较小，不会产生高热量辐射及高强度的气体对流，烟气量不大，燃烧所产生的有害气体尚未蔓延扩散，是最佳灭火和逃生阶段。因此初期阶段火灾持续的时间，对建筑物内人员的安全疏散、重要物资的抢救以及火灾扑救都具有重要意义。一旦建筑火灾进入增长阶段，应立即采取一定的防护措施，马上逃生。同时，消防人员需要一定灭火力量才能有效控制火势发展和扑灭火灾。如果室内火灾经过诱发成长，一旦达到轰燃，则该室内未逃离人员的生命将受到严重威胁。

2.充分发展阶段

在火灾初期阶段后期，起火房间整个顶棚热烟层增厚，靠顶棚的热烟气温度越来越高，火灾范围迅速扩大，当房间温度达到一定值时，如果这时房间有通向外部的开口（门、窗），热烟气越过门顶流向室外，使室内气压突然降低，室外新鲜空气大量吸入，聚集在室内的大量可燃气体获得足够氧气而突然起火，使整个房间充满火焰，室内所有可燃物表面全部卷入火灾之中，燃烧十分猛烈，温度升高很快，在瞬间完成由室内局部燃烧向全室性燃烧变化的过程，这种现象称为轰燃（突发的爆燃现象）。轰燃是火灾进入旺盛期最显著的特征之一。

在建筑火灾中，轰燃现象既有明显出现的情况，也有客观条件不具备而不出现的情况。当室内的温度达到600℃以上时，室内绝大多数可燃物均卷入燃烧，便可发生轰燃。但轰燃现象也与室内火灾的点火源大小、房间开口率以及装修材料的部位、燃烧性能、导热系数、材料的厚薄等诸多因素有关。

3.减弱熄灭阶段

在火灾充分发展阶段后期，随着室内可燃物的挥发物质不断减少以及可燃物数量的减少，火灾燃烧速度递减，温度逐渐下降。当室内平均温度降到温度最高值的80%时，则一般认为火灾进入熄灭阶段。随后，房间温度明显下降，直到把房间内的全部可燃物烧尽，室内外温度趋于一致，则可宣告火灾结束。

该阶段前期，燃烧仍较为猛烈，虽然火灾的燃烧强度随着可燃物的消耗而不断减弱，但由于燃烧释放的热量不会很快散失，火灾温度仍很高。针对该阶段的特点，应注意防止建筑构件因较长时间受高温作用和灭火射水的冷却作用而出现裂缝、下沉倾斜甚至倒塌，确保消防人员的人身安全。

（二）建筑火灾的主要蔓延形式

火灾蔓延的本质是火灾中火焰燃烧和烟气携带热量向外传递，导致火灾的扩大。火灾中的热量有多种传播形式，如热对流、热辐射、热传导等。在实际火灾中各种热传播形式常常同时出现，但又以某一种或某几种为主。火灾在室内和室外、在起火房间内部和在起火房间外部（如走廊等）及在不同建筑群之间的蔓延情况不同。例如，热对流对邻近建筑物的蔓延危险性要比辐射热小，而对促进室内火灾的蔓延起着主导作用。

火灾在建筑物内蔓延的形式与起火位置、可燃物数量和分布及建筑材料燃烧性能有很大关系。常见的蔓延形式主要有以下几类。

1.延烧

可燃物表面起火后，由于导热作用使燃烧沿表面连续不断地向外发展下去的火灾蔓延形式叫延烧。延烧是初期火灾蔓延的主要形式。

2.火焰直接点燃

起火点的火焰直接点燃周围可燃物的火灾蔓延形式叫火焰直接点燃。这种火灾蔓延形式多在可燃物相距较近的情况下出现。

3.热传导

热量从系统的一部分传到另一部分或由一个系统传到另一系统的现象叫作热传导。热传导是固体中热传递的主要方式。各种物质的热传导性能不同，一般金属都是热的良导体，玻璃、木材、棉毛制品、羽毛、毛皮以及液体和气体都是热的不良导体，石棉的热传导性能极差，常作为绝热材料。例如，由于金属管道或其他金属容器的导热作用，将热量由墙、楼板管壁的一侧传到另一侧引燃可燃物，使火灾在建筑物内部迅速蔓延。在气体或液体中，热传导过程往往和热对流同时发生。

4.热对流

热对流是指热量通过流动介质（气体或液体），由空间的一处传播到另一处的现象。可燃物着火后，其火焰流通过热对流将热量传递到其他的可燃物，通常也夹带有燃烧灰烬，会增加火灾蔓延的可能性。着火建筑物炽热的烟气、火焰等也会由着火区域通过门窗洞口或已经破坏的屋顶向建筑物外传播。热对流是热传播的重要方式，是影响初期火灾发展的最主要因素。火场中通风孔洞面积越大，热对流的速度越快；通风孔洞所处位置越高，热对流速度越快。

5.热辐射

物体因自身的温度而具有向外发射能量的本领，这种热传递的方式叫作热辐射。热辐射不受一些介质，如空气、风等的影响，它以电磁辐射的形式发出能量，温度越高，辐射越强。热辐射是远距离传热的主要方式，是火灾发展阶段火势蔓延扩大的主要因素。

在热对流的作用下，有些尚未燃尽的物质会借着热对流产生的动力飞向空中，形成飞火。飞火在风力的作用下，可以偏移达数十米甚至数百米。由于飞火所含的热量少，如果仅仅是飞火落到建筑的可燃物上，也不易形成新的起火点。但如果飞火和热辐射相配合，往往比单纯的热辐射更容易使相邻的建筑物提前被引燃，导致火灾向相邻建筑蔓延。

6.其他蔓延形式

除了热传递的三种方式以外，风、建筑物倒塌、爆炸等都有可能造成火势蔓延扩大。

风对火灾蔓延的影响：一般来说，大风天发生火灾容易扩大蔓延。即使无风或小风，由于火灾加热了燃烧区周围的空气，热空气上升，并且温度越高热空气上升速度越快，周围的新鲜空气流入燃烧区的速度也越快，从而形成"火风"。火风能把火星带到很高很远的地方，如果落到可燃物上，就会引起新的燃烧，加速了火灾的蔓延。

建筑物倒塌对火灾蔓延的影响：建筑物倒塌是由于燃烧破坏了建筑结构，建筑物的倒塌增加了孔洞，暴露了新的燃烧面，增加了空气进入燃烧区的流量或改变了热气流的流动向，容易出现"飞火"，造成火灾蔓延扩大。

（三）建筑火灾的主要蔓延途径

研究火灾蔓延途径对开展灭火战斗具有很强的指导作用，从实际的灭火经验来看建筑物内的火灾蔓延主要包括以下几个途径。

1.楼板孔洞

因为火势易于向上蔓延，所以楼板上的开口（如厂房内的设备吊装孔、楼梯间、电梯井、管道井等）都是火灾蔓延的良好通道。通常条件下，热烟气垂直流速为2~3m/s。因此火灾向上蔓延的速度很快。

2.内墙门

尽管最初火灾只发生在一个房间内，但是当内墙门被烧穿之后，火灾将最终蔓延到整个建筑物。即使建筑物的走廊内没有任何可燃物，强大的热对流和高温热烟气仍可使燃烧蔓延。

3.闷顶

建筑物的闷顶空间一般都很大，普遍采用木质结构，加上不设防火分隔，通风良好，热烟气很容易通过闷顶迅速蔓延，而且热烟气在闷顶中的蔓延一般又不容易被及时发现，危害更大。

4.通风管道

可燃材料制作的管道，在起火时能把燃烧扩散到通风管的任何一点，它是使火灾蔓延扩大的重要途径，也为火灾蔓延提供了最为便利的条件。

（四）热烟气流引起的火灾蔓延

以建筑室内火灾为例，当某室内起火燃烧后，就会有大量的热烟气产生。由于热烟气的加热作用，可能导致流通路上的可燃物着火，造成火灾的蔓延。

第二节　火灾调查目的、意义和主要内容

火灾调查就是公安消防部门依照《中华人民共和国消防法》（以下简称《消防法》）、《火灾事故调查规定》等法律和规章，通过专门人员对火灾现场进行勘验、对有关人员进行调查询问和对火灾物证进行技术鉴定等工作，分析认定火灾原因，统计火灾损失，总结经验教训，并依法对火灾事故作出处理的过程。火灾调查是一项行政执法工作，其具有法律的严肃性，它是根据《消防法》赋予的权限，由公安消防部门依法履行职责的行为，是政府对社会实行公共安全管理的行政行为之一。火灾调查是我国公安消防监督管理工作的一项重要内容，也是一项专业性、技术性和政策性很强的工作。

近十年来，随着我国经济建设的快速发展，我国火灾事故的数量也进入了居高不下的阶段，全国各地相继发生一批群死群伤的重特大恶性火灾事故，造成巨大的人员伤亡和财产损失，打乱了当地的正常工作、生活秩序，引起社会各界的广泛关注。公安消防机构依靠社会各界力量，迅速开展了卓有成效的火灾调查工作，公开事故原因，追究事故责任，为平息火灾事故引发的社会震动，恢复当地正常的生产、生活秩序作出了贡献。

一、火灾调查目的与意义

火灾调查要针对不同级别的火灾事故，根据火场痕迹特征、火灾物证、证人证言、物证鉴定结论以及相关推理分析等调查技术手段，对火灾事故原因进行调查。开展火灾调查的目的是查清引发火灾事故的原因，统计事故所造成的损失以及造成人员伤亡、财产损失灾害的成因。通过详细深入的火灾原因调查可发挥以下积极作用：

第一，为国家提供精确的时效性强的火灾信息和统计资料，为制定中长

期的消防安全对策服务;

第二,总结经验,避免同类火灾的发生,并为制定消防法规、技术规范等提供依据;

第三,可以有效地指导防火工作、改进灭火措施;

第四,可以为依法追究火灾责任提供证据;

第五,为消防信息服务提供重要的素材和渠道;

第六,分析、探索引发火灾及导致火灾蔓延的原因和规律,剖析引发火灾事故并造成火灾蔓延的产品、装置的技术或管理的缺陷,提高对火灾事故规律的认识水平和技术产品的防火水平与能力。

二、火灾调查的目的和基本原则

根据《消防法》和《火灾调查规定》,火灾调查的目的是确定火灾的原因和性质,为追究火灾责任者或犯罪分子的责任提供依据;同时火灾调查结果还对消防部门的很多工作具有指导、参考的作用。一起火灾的发生,往往是由于多种因素共同作用造成的。因此,在调查火灾原因时,不但要查清起火的直接原因,还要查清造成火灾蔓延、扩大的各个因素。只有这样,消防部门才能找出在消防管理技术措施、消防设备和火灾扑救中存在的问题,研究预防措施,不断积累经验,做好消防工作。因此,查明火灾原因既是火灾调查工作的首要任务,也是消防工作的基础工作之一。

(一)火灾调查的目的

1.维护社会安全和稳定

火灾调查的目的就是调查、认定火灾的直接原因和间接原因,发现形成火灾灾害的成因,核定火灾损失,查明火灾责任,依法处理责任者,打击违法犯罪,促进社会治安稳定,保护人民群众的生命和财产安全。

2.总结经验教训

相关人员要总结消防工作中的经验教训,提出预防对策,减少或避免同类火灾重复发生。火灾调查工作是公安消防部门实施消防监督的一项重要职能，通过火灾调查可以检验防火和灭火工作中的成效和漏洞，为提高防火监督质量提供依据，为改进灭火作战计划、增加新装备、研究新战术以及采取新对策提供素材和经验。

3.提出科研方向

火灾调查中所获得的火灾发生、发展和蔓延的一些基础数据，可以为制定和修订相应的法规和技术规范提供有价值的参考依据，为消防科研工作提出新的课题。因此，火灾调查是促进消防事业发展必不可少的基础性工作。

4.提供政策依据

提供政策依据即总结火灾发生的特点和规律，为政府部门制定相应的预防措施和制度提供精确的火灾情报和统计资料。

5.教育警示群众

通过宣传火灾案例，提高广大人民群众的消防安全意识，使群众受到启发和教育，提高防火安全意识，做到警钟长鸣。

（二）火灾调查的基本原则

火灾调查的基本原则是火灾调查人员必须遵守的行为准则。为了迅速查明起火原因，火灾调查工作必须依靠广大人民群众，执行党的政策，遵纪守法，实事求是地揭示火灾发生发展的真相，并认真总结经验，不断提高自身的技术水平。为此，火灾调查人员在工作中必须严格遵守下列原则。

1.依法办事，遵纪守法

火灾调查的过程实际上是公安消防部门执法办案的过程，在火灾调查过程中，无论是调查询问、现场保护还是物证提取等工作，都必须遵照有关的法律和规定程序。作为火灾调查人员，必须遵纪守法，保障公民及单位的合法权益，维护法律的严肃性。火灾调查人员在调查火灾时应遵守如下规定和要求。

（1）认真遵守《中华人民共和国刑事诉讼法》《消防法》《公安机关办理刑事案件程序规定》以及《火灾调查规定》等法律、法规和规章的规定，具有人民警察良好的职业道德。

（2）火灾调查人员应携带能够证明自己身份的证件，如警官证、消防监督检查证等。

（3）当火灾调查人员是火灾当事人或者当事人的近亲属或与火灾有利害关系以及担任过火灾的证人、辩护人和诉讼代理人时应当自行回避。

（4）在调查过程中，要严守秘密，不得透露火灾调查信息或调查情况，谋取不正当利益。

（5）提取物证应当采用记录、照相或录像等方法进行固定，并制作《提取物证清单》，由见证人签名或捺指印。提取后的实体物证需要进行技术鉴定的，应当分别封装，粘贴标签，注明编号，做好记录。

2.实事求是，客观公正

火灾调查是一项非常严肃的执法工作，调查人员要坚持实事求是的科学态度，切忌主观臆断和先入为主。起火原因认定的结果关系重大，认定不准确就无法保障人民群众的合法权益，影响社会的稳定以及公安消防部门在社会上的威信。为保证准确性和公正性，火灾调查人员应做到：

（1）以事实为依据，是非分明，判断准确，不能主观臆断、先入为主或盲目定论；

（2）认真遵守火灾现场勘验程序，执行火灾现场勘验规则；

（3）充分利用各行业专家的技术和知识，集思广益，彻底解决火灾调查工作的技术难点，不留问题和疑惑；

（4）防止各种干扰，实事求是，相信科学，坚持真理。

3.快速及时，便民利民

火灾发生后，火灾调查人员要尽快赶赴现场，及时开展调查工作，尽快收集第一手资料，为进一步的调查打下坚实的基础。火灾发生初期，火焰和烟气蔓延的路线比较清楚，形成的痕迹也非常真实，受到的破坏很少。另外，知情人和现场目击者对火灾产生或发展的经过也记忆清晰，没有受到外部的人为干扰，此时的信息比较客观、真实，对火灾调查非常有帮助。及时查明起火原因，可以尽快解除现场封闭，使受灾单位和受影响单位尽快恢复生产和生活，减少由于长时间的调查所增加的间接损失。

"以人为本，执法为民"是火灾调查人员应坚持的宗旨。保护现场和解除封闭现场时应填写《封闭火灾现场通知书》和《解除封闭火灾现场通知书》，并及时告知当事人，最大限度地减少因火灾现场长时间封闭造成的间接损失，保证受灾人的利益。

火灾经常会引发民事争议，当火灾损害赔偿权利人、赔偿义务人双方一致请求进行损害赔偿调解时，公安消防部应当予以调解，这样可以化解社会矛盾，减少社会不安定因素，充分保障赔偿权利人和义务人的权利，为构建和谐社会提供保障。

4.统一领导，分工明确

火灾调查必须有组织、有领导和有秩序地进行，只有这样才能全面发现、收集火灾痕迹物证和其他与火灾案件有关的情况。火灾的发生并不是孤立的，情况往往比较复杂，调查工作头绪多，加之参加调查人员有时来自几个部门，如果不实行统一的组织领导，就可能分工不明、各行其是、互相干扰，甚至还可能由于忙乱而使现场遭到破坏。

三、火灾调查的主要内容

《火灾事故调查规定》明确规定了火灾调查的任务，即调查、认定起火原因，统计火灾损失，依法对火灾事故作出处理，总结火灾教训。

火灾调查过程中公安消防机构主要开展以下具体工作。

（一）现场勘验

针对火灾事故现场及其周边环境进行勘查，查找起火点、判断起火物质，查验火灾痕迹（燃烧痕迹、烟尘痕迹、炭化痕迹、材料熔融滴落痕迹、剥落及相关破坏痕迹），分析火灾发展蔓延过程，搜集相关火灾物证信息等。

（二）调查询问

调查询问包括对第一时间进入火场的消防队员的询问，以及对目击证人的询问，了解火灾现场的相关信息、火灾场所的基本情况、环境气象信息、火灾发生前后的相关信息。

（三）技术鉴定

对火灾现场勘验的相关火灾物证、起火物质与材料开展测试分析与鉴定，确定相关物理化学以及燃烧特性。

（四）调查实验

主要包括实验室测试分析以及火场模拟实验两部分，即根据火灾现场建筑、环境、气象条件，对火灾现场燃烧物质进行实验测试与模拟分析。

（五）认定起火原因

通过现场勘验、调查询问以及有关技术鉴定、实验测试等分析工作，对火灾事故起火点及起火原因（直接原因和间接原因）进行认定分析。

（六）统计火灾损失

根据现场勘验与调查结果，依据我国统计的有关规定，对火灾事故所造成的人员伤亡、财产损失（直接财产损失和间接财产损失）进行统计。

（七）调查灾害成因

对火灾事故当中导致大量人员伤亡及财产损失的灾害事故成因进行技术调查分析。

火灾调查工作主要是搜集证明火灾事实的证据。通常，搜集证据的手段有：对火灾现场进行勘验以搜集实物证据（也包括痕迹物证），对有关证人、当事人包括违法或犯罪嫌疑人进行询问（询问）以搜集言词证据，必要时还应对物证进行鉴定、检测，等等。所有这些搜集证据的活动，虽然手段不同，但它们是密切联系、环环相扣、相互印证、相互补充的。此外，火灾事实情况错综复杂扑朔迷离，调查取证搜集到的大量信息也需要进行分析、整理、综合，并据此确定和调整调查方向，直至查明火灾事实。

第三节　火灾成因技术调查

一、火灾成因技术调查的目的和意义

通过火场勘验、物证鉴定与分析确定火灾事故的起火原因，对避免和防范同类火灾的发生十分重要。而对于重特大火灾事故，深入剖析火灾事故导致重大人员伤亡和财产损失的致灾机理，研究引发重大灾害事故发生、发展以及灾害扩大的火灾成因，针对探究重大灾害事故隐含的火灾科学问题，系统分析典型场所火灾防控与灭火救援过程所存在的消防科技问题，总结经验教训杜绝类似灾害事故发生，具有十分重要的意义。针对重大和特殊的火灾事故，开展灾害成因分析并吸取经验教训，仍是当前火灾事故调查不可回避的问题。提高火灾成因调查分析的深度和广度，构建以吸取教训为目的的重特大火灾致灾成因技术调查机制和工作模式，依托专业的消防科研团队，将火灾成因技术分析工作常态化、制度化，在致灾成因调查中发现并解决火灾防治与灭火救援中存在的问题，对促进火灾科学与消防科技进步，提高重特大火灾事故技术调查水平和消防安全管理水平，提高全社会抵御火灾的能力，增强消防部队应对重特大火灾的处置技术水平，具有十分重要的意义。

二、我国火灾成因技术调查的现状与主要内容

我国火灾调查工作起步于20世纪60年代，历经近数十年的发展，在火灾现场勘验、物证鉴定分析以及火灾原因认定等方面都取得了丰硕的成果，但公安消防机构火灾原因的调查多侧重于对火灾事故起火原因以及事故责任的认定。直到近年来，有关火灾成因的认定分析才逐渐被人们所重视，2021年修订的《火灾事故调查规定》（公安部第121号令）明确将火灾灾害成因认

定作为火灾事故调查处理工作的重要内容之一，要求在开展火灾原因调查的同时进行火灾成因分析，这是我国首次以法规的形式确定提出开展火灾成因技术调查工作。但由于我国尚未建立完善的火灾成因技术调查机制，大量火灾成因认定工作仍主要由火灾调查人员完成，而火调人员开展火灾调查时的主要工作仍集中在起火原因等方面，在火灾成因分析方面缺乏相应的技术支持，许多重特大火灾事故成因认定多侧重于消防安全管理方面，并局限于表面现象及其影响因素的分析。由于目前公安机关消防机构尚不具备开展火灾成因调查的能力和条件，《火灾事故调查规定》颁布之后，有关火灾成因的调查工作始终无法得到有效贯彻和落实。该规定明确"较大以上的火灾事故或者特殊的火灾事故，公安机关消防机构应当开展消防技术调查"，要求对事故开展"起火原因和灾害成因分析"。

新修订的《火灾事故调查规定》（公安部第121号令）明确火灾事故调查的任务是调查火灾原因，统计火灾损失，依法对火灾事故作出处理，总结火灾教训。公安机关要求根据现场勘验、调查询问和有关检验、鉴定意见等调查情况，及时作出起火原因和灾害成因的认定。火灾灾害成因认定是《火灾事故调查规定》明确规定的火灾事故调查处理工作的重要内容之一，对从火灾事故本身发现问题、吸取教训提高社会抗御火灾的能力，增强消防战斗力，具有十分重要的意义。由于我国首次以法规的形式确定开展火灾灾害成因调查，尚未建立完善的火灾成因技术调查机制，火灾成因技术调查方法也不健全，大量火灾调查工作还主要集中在起火原因与事故责任认定等方面，对于火灾灾害成因则缺乏科学、深入以及系统的研究分析，对灾害事故教训的认识也多集中在消防管理以及救援出警经验等方面，而并未从火灾与消防工程科学的角度，对火灾成因以及灾害事故的致灾机理与灭火救援过程的经验教训等方面系统科学地进行分析。

随着我国经济社会的不断发展，火灾事故案例以及灾害损失也在逐年上升，人们对火灾原因调查的要求也越来越高。在火灾科学与消防技术研究的基础上，有关火灾原因调查的内容与技术手段也不断发展。现代火灾调查的内容主要包括认定起火原因、统计火灾损失、调查火灾成因等，火灾调查过程中的主要技术手段包括现场勘验、痕迹辨识、物证提取、物证鉴定、调查询问、调查试验等。其中，灾害成因的认定包括：火灾报警、初期火灾扑救和人员疏散情况；火灾蔓延、损失情况；与火灾蔓延、损失扩大存在直接因果关系的违反消防法律法规、消防技术标准的事实。

消防部门按照火灾事故致灾因素的因果逻辑关系进行分析，由火灾后果反推其主要影响因素，直至找出所有影响因素的最基本事件，并按其逻辑关系画出事故树，综合运用获得的致灾因素解释造成火灾某种灾害结果的原因，对照消防法律法规、消防技术标准，认定违法事实，提出预防对策。该分析方法描述事故因果关系时直观，逻辑思路清晰。并且该方法操作相对简单，可通过定性或定量分析识别火灾灾害事故的主要致灾因素。然而，由于该方法缺少对火灾发展演化过程及致灾机理的深入分析，无法对火灾成因的大量技术细节以及其中火灾科学与消防技术问题进行认定，使得火灾成因分析仅局限于表面现象及其影响因素。此外，由于火灾调查人员的知识层次与认识能力差异，目前火灾成因分析与认定内容与程序相对简单，并且局限于消防管理等因素的分析，使得火灾成因分析形式化、表面化现象严重。通过对国内物证鉴定中心以及消防部门火灾成因认定情况的调研，发现目前我国火灾成因调查、认定主要存在以下问题：一是火灾成因认定技术方法单一，灾害成因认定调查分析过于简单，多侧重于灾害表面现象及其影响因素的分析，结论多流于形式化、表面化；二是火灾原因调查多倾向于起火原因的认定和火灾物证的鉴别，火灾成因的分析缺乏论证和依据，有些灾害成因分析侧重于主观性的推理和判断，而缺乏科学的论证分析过程；三是火灾灾害成因认定多侧重于消防设施配备、消防管理等致灾因素的分析，对火灾事故蔓延及造成重大人员伤亡、财产损失的灾害过程中的火灾科学与消防技术问题分析、认识不足，对于造成灾害蔓延扩大的重要责任认定不清；四是对火灾灾害演化过程以及火灾初期扑救、灭火救援行动等关键技术数据和资料的统计缺失，对固定系统以及外界灭火救援力量介入对灾害演化的综合影响分析和评价不足。

我国目前面对重特大火灾事故往往在基层火因调查的基础上，由政府部门组织公安消防、安监以及高校科研院所等单位多方面的专家，通过研讨会或专家评议等方式开展专项调查；或是通过科研立项等形式组织科研单位开展专项试验研究，为事故调查提供技术支持；或是由公安消防部门组织相关专家成立重特大火灾事故联合调查工作组调查火灾事故原因。由于缺少相关制度机制，国内火灾成因调查主要由公安消防火灾调查技术人员负责完成，针对重特大火灾事故的技术调查往往具有行政指令性、临时性、任务单一性等特点。

三、欧美发达国家火灾成因技术调查现状

欧美发达国家尽管政治体制和法律制度各有差异，但政府都非常重视对火灾事故特别是重特大火灾事故的技术调查，并都制定了详尽的法律法规，形成了相对完善的火灾成因技术调查机制。欧美发达国家对火灾事故责任认定主要是由法庭进行审理和认定，因此其相关部门或组织、机构开展火灾成因技术调查均不涉及事故责任的追究，只是为查明火灾事故的原因以及导致火灾灾害性后果的事故成因，但其调查分析的结果也可作为法庭审理的证据。每当有火灾事故发生时，有关火灾调查人员会在第一时间随消防队员到达火场进行初步调查统计，如发生人员伤亡或认定为重大火灾事故，相关技术调查组织或机构就会介入，对火灾事故的发生及发展蔓延的全过程进行深入细致的调研分析，以找出事故发生和造成损失的原因及存在的问题，便于研究相应的对策，避免同类事故再次发生。由于欧美等发达国家制度的不同，其开展火灾成因技术调查的主体也各有不同，概括起来包括以下几个类别：国家政府机构或行业组织；研究院所等专业科研机构；民间组织或专业调查企业团体；保险公司或利益当事方等。

具体开展调查的各火灾技术调查机构因其权责范围不同，其调查报告内容的侧重会有所区别，通常火灾事故消防技术调查内容的确定是围绕着找出、分析和论证火灾是如何开始的，火灾是如何发展蔓延的以及火灾是如何导致现有结果的（人员伤亡、财产损失等）这三个问题可能的技术原因而开展的，调查的具体内容详细反映在最终形成的技术调查报告中。

以美国为例，其从事火灾事故消防技术调查的机构有多个，每个机构对

调查组的成立要求及具体任务安排各有侧重，如美国国家标准与技术研究院（NIST）、美国烟草火器与爆炸物管理局（ATF）、美国职业安全与卫生研究所（NIOSH）、美国消防局（USFA）等。

（一）美国国家标准与技术研究院

美国国家标准与技术研究院成立于1901年，是隶属于美国商务部的非监管性联邦机构，其主要职责是促进美国的创新和产业竞争力，以推动测量科学、标准和技术发展的方式提高经济安全水平，并提高生活质量。美国国家标准与技术研究院被美国国会法案授权在事故发生48小时内，派遣专家组调查美国境内重大建筑损坏事故。专家组成员由美国国家标准与技术研究院主管任命，多来自美国国家标准与技术研究院下设的各个实验室，是消防工程、火灾科学、安全疏散等方面的专家。对于一些重特大火灾，还会要求有非美国国家标准与技术研究院雇员以外的专家加入。美国国家标准与技术研究院的调查任务：一是确定导致建筑失效的可能技术原因；二是评估用于疏散和应急响应程序的技术方面；三是对建筑标准、规范和实施指南提出具体的完善建议；四是对提高建筑结构安全和完善疏散及应急响应程序需要进行的研究等提出建议；五是90天内给出最终建议以完成调查。

（二）美国烟草火器与爆炸物管理局

1978年，美国烟草火器与爆炸物管理局成立了国家响应队（NRT）来帮助联邦、州和地方调查人员应对重大纵火案件和爆炸事件。国家响应队可以在美国境内任何地方24小时内响应，以协助国家和地方调查人员。

（三）美国职业安全与卫生研究所

美国职业安全与卫生研究所管理下的消防员死亡调查和预防项目（FFIPP），对美国国内消防员的殉职死亡（LODD）执行独立调查。其调查目标是：更好地定义消防员的殉职死亡；为预防人员伤亡提供建议；向消防队宣传相关预防策略。

（四）美国消防局

美国消防局是美国联邦应急管理署（FEMA）下设的实体分支机构，专门应对火灾危害及提供应急服务。其任务是指导各地消防机构在消防和应急救援中做好预防应对工作。美国消防局负责国家消防计划的制订，国家消防教育的设置，国家应急培训中心的管理、操作和支持服务。

美国各机构开展火灾事故消防技术调查的程序略有不同，但主要都包括如下几步：

1.根据相应法律法规要求在一定期限内成立专家小组，开展调查工作；

2.通过专家咨询确定需要调查的技术问题及假设，明确调查任务；

3.开展资料收集工作；

4.对不确定的现象或需要验证的问题进行模拟分析和（或）试验测试；

5.综合前期调查研究成果，得出调查结论，完成调查研究报告。

其中，美国消防局在进行资料收集和模拟分析和（或）试验测试的过程中采用了大量的科学技术方法，包括火灾现场勘查和物证提取技术、火灾动力学模拟分析、材料测试、实体火灾试验等。

其事故调查内容主要包括六方面。一是背景，包括概述、建筑及事发地点描述和建筑历史等内容。概述部分主要介绍火灾发生时间、地点、起火位置、火灾原因和蔓延情况、现场人员观察的火情及人员伤亡情况。建筑及事发地点描述主要介绍起火建筑的位置、面积、层数、平面布置等。根据具体事件特点，还可能增加建筑外墙和屋顶的材质、装修情况、灭火设施配备等内容。建筑历史部分主要介绍建筑的使用方、运营方情况，建筑财权、使用权转手情况，曾经发生的火灾事故及后续修整情况等。二是事件进程描述，即火灾事件发展的事件进程表是任何火灾调查都包含的基本项。一般都包含最早发现火情的时间和地点、火灾发展蔓延情况911接警时间、消防救援到达现场时间及具体救援情况、最终灭火时间等信息，多以图示和列表的方式反映在报告里。三是事件应急响应，一般包括建筑物周围道路情况辖区内消防局的具体管辖范围、人员及装备配备情况，初期报警及第一出动救援、事故指挥中心的成立、消防装备及人员到场时间、位置及展开作业情况，医疗等其他部门协同救助情况等。对于设有消防安全组织机构的场所，还包括对工作人员应急响应情况的分析，如是否能够在火灾时有效引导人员安全疏散，是否能扑救初期火灾等。四是模拟及试验，主要进行火灾动力学模拟，一般均采用FDS进行模拟，模拟内容主要包括火灾和烟气的蔓延发展及温度分布、热辐射、氧气浓度等。针对实际事故特点还可能进行其他模拟分析，如当火灾造成人员伤亡较严重时会对建筑内的人员疏散情况进行计算机模拟。在试验测试方面，主要进行材料的燃烧特性测试（如引燃性、热释放速率、快速火焰传播能力等），装饰材料燃烧烟气组分测定，火场环境火灾荷载分析与测试等。在这些测试基础上可能进一步进行实体或不同比例模型的火灾试验。这些试验测试的结果有些作为计算机数值模拟的输入条件，有些用以与数值模拟的结果进行交互验证、比较分析。五是模式规范、标准和实践，即对适用于着火建筑的模式规范的合规性进行研究，主要对建筑设计施工和维护管理中涉及的规范情况进行回顾和分析，并结合起火建筑的实际情况，讨论规范规定中与之相对应的要求，如建筑分类、建筑高度及面积、主动灭火系统设置、安全疏散等。在美国，建筑的设计、施工和运行依据的是州和地方的建筑法规，而不是模式规范。美国国家标准与技术研究院通过此部分的比较研究，来评定修改州和地方的建筑规范对公众安全改善的可能，促成州和地方政府采纳模式规范的相关条文。六是总结、发现和建议——此部分内容构成了最终的调查结论，主要是确定火灾事故的发生及发展蔓延情况，明确指出导致发生火灾事故、造成人员伤亡或财产损失等问题的可能技术原因，但不涉及责任认定。同时，该部分内容也会基于所调查的火灾事故提出相关建议。从建议的内容看，主要包括：改善建筑安全、疏散及应急响应程序的建议，对建筑标准、规范和规程提出具体的完善建议和提出在提高建筑结构安全和完善疏散及应急响应程序方面需要进行的研究课题。从建议的对象看，主要是对建筑的所有者、使用者、监管部门、救援机构、标准规范制定机构等提出建议。从建议时效看，包括近期、中长期还有现在已经开始整改的内容。

第四节　我国火灾调查法律体系、机制与技术现状

一、我国火灾调查法律体系构成

我国的消防法律体系以《中华人民共和国宪法》（以下简称《宪法》）为依据，《消防法》为基本法律，由行政法规、地方性法规、自治条例和单行条例、部门规章和地方政府规章以及有关消防的各种规范性文件、技术法规等共同组成。火灾调查作为我国《消防法》赋予公安机关消防机构的主要职责和权力，法定职责包括认定火灾原因，核定火灾损失和认定火灾责任三方面的内容。《消防法》中明确规定："火灾扑灭后，公安机关消防机构有权根据需要封闭火灾现场，负责调查、认定火灾原因，核定火灾损失，查明火灾事故责任。"《消防法》作为我国火灾调查法律体系中的上位法，对开展火灾调查的主体、职责范围和义务进行了规定，对于社会影响大的重特大火灾事故，《消防法》规定："对于特大火灾事故，国务院或者省级人民政府认为必要时，可以组织调查。"1999年3月15日公安部发布施行了《火灾事故调查规定》（公安部第37号令），这是我国第一部非常详细规定火灾调查的部门规章，将火灾调查工作真正纳入了法制化、规范化的管理轨道，从根本上改变了多年来火灾调查工作仅靠政策指导的工作方式。《火灾事故调查规定》从组织形式、任务内容等方面主要规定了火灾调查的任务、原则、管辖、责任的追究和调查人员的要求等内容，对规范公安机关消防机构火灾调查行为，提高火灾调查质量，依法查处火灾责任发挥了重要作用。

调查、认定火灾原因是公安机关消防机构的一项重要职责，是查明事故责任，处理火灾事故责任者，研究火灾发生、发展的规律，加强和改进消防工作的一项基础性工作。火灾原因认定行为又被称为"起火原因的认定"，

通常是在调查访问、现场勘查、物证鉴定分析和模拟试验等一系列工作的基础上，依据证据，对能够证明火灾原因的因素和条件进行科学分析和推理，进而确定火灾原因的结论过程。通过火灾原因调查，公安机关消防机构要出具火灾原因鉴定书，即公安消防监督机构根据有关专门知识和技能，以及对在火灾现场勘查中发现并收集的各种火灾痕迹物证进行技术鉴定的结论和有关证据，做出的针对火灾事故原因结论的书面材料。该书面材料也是司法检察部门对火灾事故责任者进行司法处罚的主要依据。

在火灾事故调查中，我国公安机关消防机构主要依据《消防法》《中华人民共和国刑法》《中华人民共和国治安管理处罚条例》《中华人民共和国行政处罚法》《中华人民共和国行政复议法》《中华人民共和国行政诉讼法》《中华人民共和国民事诉讼法》《中华人民共和国国家赔偿法》《中华人民共和国警察法》《公安机关办理刑事案件程序规定》《火灾事故调查规定》等法律和行政规章制度规定，根据火灾事故级别，由相应级别的公安机关消防机构开展火灾事故调查。对于造成30人以上死亡，或者100人以上重伤，或者1亿元以上直接经济损失的特别重大火灾事故，则由国务院或者国务院授权有关部门组织事故调查组进行调查。此外，在事故调查过程中火调人员还主要依照《火灾技术鉴定方法》（GB/T 18294.5-2010）、《电气火灾痕迹物证技术鉴定方法》（GB/T 16840.4-2021）、《火灾技术鉴定物证提取方法》（GB/T20162-2006）、《火灾原因调查指南》（GA/T812-2008）、《火灾现场勘验规则》（GA839-2009）等国家和行业标准等技术法规，通过标准化及科学、规范的技术方法，开展火灾现场勘查、物证鉴定分析与火灾原因调查。在《消防法》和国家行政法规、部门规章和标准、技术法规的基础上，各地方政府和公安部门根据自身情况也相应出台了有关火灾调查的地方性法规，规范相关火灾调查、事故责任调查处理的程序的规定。

二、我国火灾调查机制现状

我国火灾调查制度从无到有，自1998年以来共有30余部地方性法规、43个规范性文件对火灾事故调查工作进行了具体的细化和补充，依据《消防法》和部门规章以及各地补充规定，我国初步建立了火灾调查制度。按照《火灾事故调查规定》的有关条款要求，我国火灾调查实行属地和分级管理制度。凡发生一次死亡10人以上或重伤20人以上或死亡、重伤20人以上的特大火灾事故，由省（自治区、直辖市）级人民政府组织工作组进行调查；发生一次死亡6人以上或重伤16人以上或死亡、重伤16人以上的重大火灾事故，由地（市、州、盟）级人民政府组织工作组进行调查；发生一次死亡3人以上或重伤10人以下或死亡、重伤10人以上的重大火灾事故，由县（市、区）级人民政府组织工作组进行调查。发生一次死亡30人以上的特别重大火灾事故，必要时由国务院派工作组进行调查。

上述由地方各级人民政府和国务院组织的火灾调查，按照惯例，一般由公安机关负责，以公安机关消防机构为主进行火灾原因调查，协助进行火灾损失核定，参与火灾责任分析和认定。在我国火灾调查法律体系框架内，在各级政府的领导下，在公安部消防局防火监督处的业务指导下，主要由相应级别的公安机关消防机构的火灾事故调查人员负责组织开展火灾事故调查。在初步调查的基础上，对于发生人员死亡或社会影响大或具有放火嫌疑的特殊火灾事故，则由当地公安机关消防机构协助主管公安机关刑侦部门展开调查；对于一般火灾事故，则由相应级别的公安机关消防机构组织开展事故调查；如该事故被界定为较大或重大火灾事故，则往往由省市级以上安全监察部门组织专项事故调查组，省市级以上公安机关消防机构负责开展火灾事故调查；对于特别重大火灾事故，则由国务院责成国家安监总局组织专家调查组或委托公安部消防局组织专家组，省市级以上公安机关消防机构协助开展事故调查。

公安机关消防机构开展火灾事故调查目前已形成一套标准流程和模式，火灾事故调查程序具体的工作内容主要包括：火灾现场保护、火灾现场调查访问、火灾现场勘查、火灾物证鉴定、火灾损失统计、火灾原因分析认定、火灾事故处理。

初步勘查的主要内容是观察内部火灾蔓延的方向和痕迹，确定起火部位和细项勘查的重点。细项勘查的主要内容是通过清除覆盖物，搜集研究起火的燃烧痕迹，确定起火点。专项勘查的主要内容是搜集提取引火物证。根据需要，将火灾现场勘查中提取的可疑残留物，送交指定鉴定单位或邀请有关专业人员进行技术鉴定，在进行讨论和综合整理材料的过程中，根据需要进行反复勘查，补充技术鉴定。

作为我国火灾调查法律体系的主要内容，《消防法》和《火灾事故调查规定》对开展火灾事故调查的主体任务、职责和要求等内容进行了规定，其中对较大以上的火灾事故或者特殊的火灾事故，提出了开展火灾灾害成因分析的要求。但针对火灾成因技术调查的程序、方法以及组织机制等内容，目前我国火灾调查相关法律制度规定却并不健全，对于重特大火灾事故还主要通过行政手段临时组织事故调查组，重点对火灾事故原因、火灾损失以及火灾事故责任进行调查。由于大量火灾调查工作主要依靠公安消防专职的火灾调查人员，针对特别重大火灾事故的火灾调查在组织机制和法律政策方面还存在以下一些问题。

第一，火灾调查目的认识不准确，火灾成因技术调查工作不够深入。尽管《火灾事故调查规定》明确规定了火灾事故调查的任务——调查火灾原因，统计火灾损失，依法对火灾事故作出处理，总结火灾教训，但目前我国火灾成因调查制度并没有对火灾调查的目的进行明确规定。这使得火灾调查部门工作的侧重点主要集中在事故责任追究上，尤其对伤亡严重、财产损失巨大、社会影响恶劣的特大火灾事故，迫于领导和舆论压力，火调部门把主要精力都放在事故责任认定上，而对火灾教训的总结及事故成因、标准规范、防火监督工作改进等方面的重视程度明显不够。

第二，火灾灾害成因技术调查机制不健全，缺乏明确的具有可操作性的法律、法规或政策指导，火灾成因调查与防火监督管理之间缺乏密切有效的联系和联动机制。目前我国还未建立起长效的火灾成因技术调查机制，对于重特大火灾事故缺乏深入、全面、有效的火灾灾害成因技术调查，火灾成因技术调查与防火监督改进联动机制尚未建立。

第三，缺乏从事火灾成因技术调查的高层次专业技术力量。由于目前我国火灾调查专业机构建设尚不完善，专业的火灾调查人员数量已不能满足当前火灾调查的需求，而且火灾成因技术调查要求调查分析人员具有较高的火灾科学与消防技术理论知识水平，并且掌握有关火灾调查分析技术，而目前仅依靠火灾调查人员尚无法开展深入的火灾灾害成因技术调查。

第四，针对重特大火灾事故灾害成因的专项科研缺乏，火灾灾害成因调查分析技术薄弱。针对重特大火灾事故所暴露出的火灾科学与消防技术问题，缺乏系统的专项科研立项研究，大量火灾成因认定分析缺乏技术支持。

三、我国现行火灾原因与事故成因调查机制特点

根据《生产安全事故报告和调查处理条例》的规定，我国事故调查主要采取属地为主、分级调查的原则，由政府相关部门组织进行事故调查，也可以授权或者委托有关部门组织事故调查组进行调查。火灾原因调查同样如此，而且以起火原因和火灾责任调查为主，技术调查与责任调查互不分离。此外，对于较大规模以上的火灾事故，则主要在省市级安全生产监督管理局的组织和领导下，由省市级以上公安机关消防机构开展火灾原因调查，同时接受公安部消防局的业务指导和管理。根据我国火灾调查法律体系构成和火灾原因调查运行机制，在火灾原因和火灾事故成因调查主体、调查目的、调查程序以及组织管理模式上，我国火灾原因调查机制主要具有以下特点。

第一，我国火灾事故调查以事后调查为主，针对重大及以上规模的火灾事故调查以政府主导的事故原因调查和责任追究为主，相关技术调查和灾害成因调查多由企业或科研单位自发组织，缺乏长效机制。

第二，火灾调查主体单一，力量薄弱。火灾调查工作主要由公安机关消防机构火调人员负责承担，针对重特大火灾事故缺乏稳定专业的火灾调查队伍。我国目前调查主体队伍非常薄弱。针对重大火灾事故或特别重大火灾事故，则由国务院临时组织各相关方面的专家或责成公安部消防局组织专家开展调查。在国务院或公安部消防局组织的事故调查组成员中，则以公安机关消防机构的火调专家为主，还包括事发地公安消防总队或支队的技术专家或领导、相关领域的技术专家等。

第三，我国火灾调查以起火原因调查为主，火灾成因技术调查不够深入。目前我国火灾原因的调查重点在起火原因方面，虽然《火灾事故调查规定》强调了对火灾成因的调查，但局限于目前火灾调查机制和火灾调查队伍现状，大量火灾成因认定工作仍主要由火灾调查人员完成，在火灾成因分析方面缺乏相应的技术支持，许多重特大火灾事故成因认定多侧重于消防安全管理方面，并局限于表面现象及其影响因素的分析。由于目前公安机关消防机构尚不具备开展火灾成因调查的能力和条件，《火灾事故调查规定》颁布之后，有关火灾成因调查工作始终无法得到有效落实和贯彻。公安机关消防机构应当开展消防技术调查，要求对事故开展"起火原因和灾害成因分析"。

第四，目前我国火灾调查程序以及组织管理模式相对封闭，主要以公安机关消防机构和公安部消防局火灾物证鉴定中心的火灾调查人员、专家为主，在组织程序和管理过程中缺乏独立第三方尤其是科研部门的介入，火灾致灾成因分析和技术调查结果与消防科研结合不密切。针对重特大和特殊的火灾事故，虽然有国务院或相关部门组织的调查组介入调查，但此类调查往往是临时性组建的，调查重点仍多侧重于事故起因和事故责任认定等方面。

第五，火灾调查与防火监督管理相互分离，还未形成成果宣传，推广力度不足，大量火灾原因调查的成果多局限于公安机关消防机构火调部门和受灾单位内部，还未形成完全面向社会公开的运行机制，对社会火灾防范的借鉴和警示效果不显著。尤其对于重特大火灾事故，由于机制限制，受社会普遍关注的重特大火灾事故，面向社会公开的火灾原因也仅限于起火原因和事故直接责任人，大量应重点吸取经验教训的灾害成因以及事故蔓延、灭火救援过程中存在的深层次问题往往很难向社会公开。

第六章　火灾成因调查技术体系及方法

第一节　火灾成因调查内容

重特大火灾成因调查需要采取一系列技术方法，通过科学分析与验证重大火灾事故演化发展过程，深入地认识灾害事故本质现象，剖析导致事故灾害发生的技术、管理等原因。本章根据火灾成因调查的内容和特点，提炼构建了较为完善的重特大火灾成因调查技术体系，并就火灾成因技术分析报告的内容格式等方面进行了探讨。

重特大火灾成因调查的目的是深入探究造成事故灾害形成的内在及外在原因，充分认识事故灾害形成的现象及本质，检讨在事故救援过程中的得与失，为相关火灾防治技术、防火标准规范制修订以及防火安全管理等提供科学的依据，从而在技术层次避免类似事故的再次发生，减少相关事故过程中的人员与财产损失。根据重特大火灾事故成因技术调查的目的，其调查的内容主要涉及事故灾害形成过程及现象，火灾事故中的起火原因与致灾原因，与事故相关的防火技术措施和消防设施情况，相关标准与规范的问题，灭火救援技术策略的得失，其他与灾害事故相关的技术或产品缺陷问题等。

由于重特大火灾成因调查不涉及事故责任认定等问题，其调查的目的是避免类似事故的再次发生，提高社会防火与灭火救援技术水平，因此火灾成因调查的重点主要在于导致事故灾害的成因等技术问题。其中事故灾害形成过程及其现象是为了从灾害蔓延过程、事故特殊现象、火灾蔓延机理等方面探究导致重大火灾事故发生以及致灾的火灾科学问题和现象。例如，在英国国王十字车站火灾事故中，通过对灾害蔓延过程和现象的深入研究和分析，从而对沟槽火焰加速现象及其形成机理有了深入的认识和理解，提高了消防人员应对类似事故的能力和技术水平。对火灾事故的起火原因与致灾原因的调查是火灾成因技术调查的重要环节，直接关系到后续调查的准确性和科学性，它通过科学技术方法分析起火发生原因以及最终导致事故重大人员伤亡和财产损失的原因，包括直接原因和相关间接原因。对事故直接或间接原因的调查是为了分析引发事故和导致事故灾害扩大的相关技术问题，从而为后续采取相关防火措施、制定技术标准或规范等方面的研究探明方向，为避免类似事故的发生提供最为直接的依据和技术支撑。此外，重特大火灾事故成因调查所涉及的与事故相关的防火技术措施、消防设施情况、相关标准与规范问题、灭火救援技术策略得失以及其他与灾害相关的技术或产品缺陷问题等调查内容，则是在对火灾事故灾害过程现象以及相关原因调查研究的基础上，从技术管理、设备以及产品等方面深入分析和研究事故成因的过程，该部分的调查研究内容对提高防火和灭火救援水平，避免类似事故再次发生具有最为直接的作用和意义。这部分内容涉及面广，也是开展火灾成因调查的主要目的所在。可以通过对上述内容的调查分析，提炼与之相关的深层次科学和技术问题，针对性地开展科研专项研究予以解决。

一、起火原因调查内容

起火原因调查既是火灾调查工作的首要任务，也是消防工作的基础工作之一。基于火灾现场暴露性与破坏性的特点，火灾调查的前提是对火灾现场的保护，火灾现场的保护要从火灾的发生到整个火灾调查工作的结束，在这段时间内，各个阶段的保护方法和侧重点是不同的。《火灾现场勘验规则》（GA839-2009）规定了现场保护的基本要求。对不同的火灾现场如室内火灾现场、爆炸物火灾现场、露天火灾现场要采取不同的、多层次的保护方法。

对于燃烧破坏严重的火灾，勘验人员通过询问了解火灾的证人、当事人等进行正式或非正式的方式，收集与认定火灾有关的信息资料。这样往往可以合理缩小火灾现场勘验范围，尽快锁定起火部位并且在调查中也要对证言进行相应的印证。

火灾现场勘验也要注意现场保护。火灾现场勘验是指在火灾扑灭之后，火灾调查人员为了查明火灾原因（起火原因、灾害成因），对火灾现场进行勘查，就某些问题进行分析验证的法定行为。火灾现场勘查包括现场保护、实地挖掘、痕迹观察、现场检测、证据保全（物证提取照相、录像）等内容，还要根据调查进展情况适时地进行现场火灾分析。有的火灾现场需要多次勘验，特别是重特大火灾的调查，往往涉及的部门多、牵涉范围广。各部门调查取证的重点各有侧重。在动手清理堆积物品、移动物品或者取得物证之前，必须从不同方向拍照，以照片的形式保存和保护现场。对于室外某些容易被破坏的痕迹、物证等采取保护性的遮盖措施。

在进行火灾现场勘验前，勘验人员要及时了解现场保护和火灾的基本情况。根据调查目的了解火灾发生、发展的简要经过及扑救情况，了解火场内部情况，了解围观群众的反映，了解火灾现场或附近安装的监控设施并据此确定现场勘验程序。

火灾现场勘验是发现、收集火灾证据的重要手段，是调查火灾的必经程序，不经过现场勘验则不能认定火灾原因。现场勘验就是要收集能证明火灾事实的一切证据，为了保证各种痕迹、物证的原始性、完整性，确保它们的证明作用，现场勘验按照勘验中是否触动现场物品，分为静态勘验和动态勘验。

对现场进行勘验，从整体来讲，按照环境勘验、初步勘验、细项勘验、专项勘验的步骤进行。具体的勘验则可根据现场具体情况采用离心法、向心法、分片分段法、循线法进行勘验。

对于现场勘验所收集的证据，勘验人员有时需要对火灾物证的物理特性和化学特性做出鉴定结论。火灾物证鉴定结论是火灾调查的重要证据之一，尤其是重特大火灾更需要鉴定来提供技术支持。经过科研人员十几年的潜心研究，我国火灾物证鉴定已形成了较完善的理论体系和方法体系，并制定了很多物证鉴定的方法和标准，主要包括电气线路、设备及元件故障的鉴定方法，易燃液体放火的鉴定方法、热不稳定性物质自燃的鉴定方法、爆炸物的鉴定方法等几个大类十几个方法和标准。

在火灾调查过程中对获取的各种证据材料、证据线索等进行分析、讨论和研究，以明确调查方向，纠正调查工作中的偏差，最终获取正确的调查结论，这就是现场火灾分析。

在现场勘验、询问和技术鉴定等工作的基础上，经过对获取的大量有关证据的分析后，需要对引起火灾的具体原因进行确定。认定起火原因需要了解掌握全部火灾情况，诸如起火方式、起火部位、起火点等，最终认定起火原因。

二、事故成因调查分析内容

火灾事故现场的勘验分析，准确确定火灾事故的起火点位置、起火原因、火灾蔓延痕迹特征等内容，可为事故成因技术调查奠定良好的基础。根据火灾技术调查的目的，火灾事故成因调查分析的主要内容包括以下几项：

第一，火灾事故演化发展、蔓延过程及其主要影响因素；

第二，火灾事故现场主要可燃物火灾特性及其对事故发展、事故后果的影响；

第三，火灾事故现场主要防火技术措施及其效用、事故后果分析；

第四，导致大量人员伤亡及财产损失的灾害过程、灾害成因分析与模拟；

第五，火灾事故演化假设过程以及措施有效性评价分析。

通过对上述火灾事故成因相关内容的技术调查与分析，可对事故演化发展过程、导致人员伤亡的主要原因及其影响因素、火灾事故现场灾害防范的有效性及存在的问题等进行分析，从而明确所要吸取的教训以及防范此类事故的重点所在。针对火灾事故调查流程，在事故成因技术调查分析阶段，应主要遵循从痕迹特征到事故现场模拟重现以及关键技术与灾害因素分析的调查思路开展调查分析。

第二节　火灾成因调查技术与方法

一、火灾现场勘验

火灾现场勘验是公安消防部门依法对火灾现场中的痕迹、物品以及尸体等进行挖掘、提取、检验和分析的过程，是获取与火灾事故相关的各种证据的工作。因此，现场勘验是整个火灾调查工作过程中最重要、最复杂，也最辛苦的一个环节，是获取起火点认定和起火原因认定的关键证据的重要工作。火灾现场勘验的中心任务是收集证明火灾事实的证据，主要包括建筑和消防设计文件、记录、计划和说明书，录像和摄影资料，电话和广播，现场数据，访谈和其他口述及笔录的报告等。通过当地政府、承包商和供应商等来搜集建筑和消防设计文件、记录、计划和说明书等资料；通过现场监控、新闻媒体等收集录像和摄影资料；直接采用访谈和问卷调查等形式访问亲历者、目击者、救援人员等获得第一手资料。

另外，通过现场勘验，还可以发现、固定造成火灾蔓延、扩大的证据，包括烟气流动的途径、消防设施的状态、建筑的抗火能力等。

为保证准确、合理、高效地进行现场勘验，火调人员应首先了解现场的建筑结构、物品情况、第一发现人发现的情况、视频监控情况，并根据现场的情况，准备好相应的个人防护装备和勘查装备。

对于重特大火灾现场，公安消防部门应成立现场勘验小组，勘验小组内的人员应分工明确。另外，根据火灾现场的具体情况，勘验小组可以聘请相关专业的专家协助调查，必要时还可邀请刑事技术、检察、安全生产监督管理等部门的相关人员参与现场勘验。现场勘验小组应在火灾调查组的统一领导下开展工作。

为了确保现场勘验的公正性和合法性，保证勘验笔录和提取的物证具有证据效力，在现场勘验过程中，勘验人员应不少于两人，并且要邀请一至两名与火灾无利害关系的人员作现场勘验的见证人，必要时也可请火灾当事人作见证。见证人应见证整个勘验过程，并在勘验结束时在勘验笔录、物证提取清单上签字。

现场勘验人员到达现场后应对现场进行整体观察，划定需要保护的范围，并采用警戒线、围挡等方式封闭现场，禁止无关人员进入，必要时可要求公安机关或有关部门进行现场管制。

一般情况下，火场范围较小、燃烧不严重、起火部位和原因也比较明显的火灾现场，勘验过程可以简单。而对于燃烧过火面积较大的火灾现场，为了保证勘验工作的有序进行，避免重要证据的遗漏或灭失，应该按照程序进行现场勘验。多年来火调人员一直遵循的现场勘验的程序为环境勘验、初步勘验、细项勘验、专项勘验。

环境勘验是指现场勘验人员在火灾现场的外围对现场周边环境及现场外围整体进行观察和记录的一个工作过程。环境勘验过程中，现场勘验人员主要是观察和记录火灾现场的破坏程度、破坏规律、建筑物整体倒塌的形式和方向、火灾现场的燃烧范围和燃烧终止的部位，借以确定火灾的燃烧范围，火灾现场的面积。

初步勘验是在环境勘验查明现场外部基本情况的基础上，在不触动现场物体和不变动现场物体原来位置的情况下，对火灾现场内部各部位、各种物体的被火烧毁、烧损的情况进行初步、静态的勘验活动。在初步勘验过程中，现场勘验人员主要是查清现场的建筑结构，内部平面布局，物品、设备摆放位置，线路、设备情况，火源、热源等潜在引火源位置和使用状态以及现场内物品被火烧毁、烧损的情况。通过初步勘验，能够判定火灾蔓延方向，从而推断出起火部位，同时也查明了火灾现场热源、电源的使用位置、使用情况以及现场存放的物品的种类数量、特性等。

细项勘验是在初步勘验的基础上，对所获取的各种痕迹物证进行更加详细的观察、移动、挖掘、清理，对其变形、变色、烟熏、脱落、熔融、炭化等痕迹特征进行深入分析和研究，判断这些痕迹形成的原因与火灾事实之间的联系，进而确定它们的证明作用及证明的内容。细项勘验过程中，可以通过可燃物烧损程度、烧损痕迹特征，进一步确定燃烧蔓延的方向，分析火势蔓延的过程，进一步缩小认定的起火部位。

专项勘验是对现场勘验过程中提取收集到的可能的引火物或能够产生热量的物体、设备等可疑物品所进行的专门的勘验。通过专项勘验，可以判断被勘验对象成为引火源的可能性以及引火源与起火点起火物的关系，三者之间是否可以成为一个有逻辑关系的整体。

现场勘验是一个发现收集、分析痕迹物证的过程，在这个过程中，可以梳理出火势蔓延的路径和方向，溯源到起火部位和起火点。同时，勘验过程也是物证提取的过程，通过现场勘验可以提取到能够证明引发火灾的引火源和起火物，并为实验室检测鉴定做好充分的准备。

物证提取是现场勘验工作中的重要内容，是火调人员在现场勘验过程中发现、固定、提取与火灾事实有关的物证的过程，也是物证鉴定的基础和前提。

不同的火灾现场提取的物证也可能不同，不同的火灾物证提取方法和基本要求也不同。国家标准《火灾技术鉴定物证提取方法》（GB/T20162–2006）对电气火灾、自燃火灾、爆炸火灾、防火等火灾物证进行了详细规定，包括物证提取的技术手段、方法以及注意事项。

火灾现场勘验实际上是对火灾痕迹（燃烧痕迹、炭化痕迹、过火痕迹、烟熏痕迹、剥落痕迹等）辨识的过程，包括对现场进行勘查和物证提取，如进行火灾痕迹识别，燃烧残留物提取，建筑结构设施调查，现场消防设置调查等。通过发现、固定以及分析和解释火灾痕迹，可以科学准确地确定火灾蔓延的趋势，溯源起火点。火灾痕迹是火灾发生时产生的火焰及热烟气在火灾现场的承载体上留下的受热痕迹，这些由于燃烧或烟尘沉积所形成的图痕客观记录了火灾过程中起火源、火灾蔓延过程等信息。通过火灾现场火灾痕迹识别与分析，可对火灾蔓延发展过程及灾害演化过程进行深入研究，有利于逆向推导出火灾的成因、火灾演化模式及蔓延发展走向，并进而能更加客观和准确地判断火灾起火原因以及重大致灾成因等问题。

通过对事故现场的火灾痕迹分析、物证提取分析、现场调查等分析手段，可明确事故的三个重要阶段：引燃过程、火灾发展及火灾损失。其中对引燃过程的分析可确定初始着火的位置和引起火灾蔓延的过程，引燃过程的鉴定包含三个要素：热源、引火物、引燃过程。火灾发展过程，一旦火灾开始后，它的扩大和发展是建立在可燃物燃烧特性、可燃物分布与构成、环境条件等因素基础上的，通过这些因素的分析对于了解火灾规模、火灾蔓延发展是过程很重要的。对火灾蔓延发展过程的分析，重构火灾事故场景、厘清事故发展过程、分析事故致灾成因，对研究防火工作存在的问题及应采取的技术方针具有十分重要的意义和作用。分析得到的火灾事故时间进程表可以对事故发展概况以及事故现象等火灾现场情况进行描述，一般都包含最早发现火情的时间和地点、火灾发展蔓延情况、事故现象、接警时间、消防救援到达现场时间及具体救援情况、最终灭火时间等信息。现场勘验和物证提取、物证鉴定技术，可对初步推断的火灾事故起因进行佐证。

（一）火灾热蚀痕迹分析

火灾发生、发展过程中，由于火焰、热量和热烟气通过燃烧、高温热辐射等综合作用在火场物体表面，而引起物体局部发生烧蚀痕迹变化而形成一些烧损破坏的特殊痕迹图形和颜色，它是客观记录火源、起火点、火灾蔓延方向、燃烧速率、火焰强度等信息的图形化特征。火灾热蚀图痕的形成是燃烧、火灾热辐射、烟气流作用等作用的结果，其形成与物质本身、火势变化、现场空间外来因素等紧密相关，对火灾热蚀痕迹准确认识和分析，对于理解火场的火灾蔓延过程及火灾发展变化具有重要的作用。1959年John Kennedy提出火灾图痕"箭头理论"，该理论指出，暴露于火场的建筑物的木梁或板墙在火灾过程中将发生燃烧或热解炭化现象，通常靠近火源或更接近火焰一侧的烧损和炭化程度将更严重，而距离火焰较远或者中间有其他物体阻隔的木梁或板墙的烧损和炭化程度则相对较轻，烧损和炭化程度由轻到重一系列带箭头的曲线，则该曲线将有助于火调人员认定起火点，并对认定火灾蔓延方向有重要作用。

在建筑火灾中，燃烧图痕的主要承载客体一般是壁面，在火灾初期，建筑壁面温度仍处于自然温度，靠近起火点的部分热交换梯度大，易形成火焰区锥形燃烧痕迹，即"V"形痕迹，其底部为火焰区的底部，即为起火点；由于热烟气与周围环境空气之间的温差所形成的浮力驱动，使火焰区直接上方形成羽流竖直运动，羽流的强弱主要受到火焰的热释放速率、火焰与外界的热交换以及火源相对于壁面的位置的影响；浮力羽流运动至顶棚后形成顶棚射流水平运动，流向起火点外的区域；顶棚射流触及侧壁便形成与浮力作用方向相反的反浮力射流流动，在房间上部形成热烟气层，在热烟气流的高温作用下导致热烟气流经处的可燃物着火，留下燃烧蔓延痕迹；室内火灾进入轰燃阶段后，壁面热交换梯度变小，就不会留下明显的火灾蔓延痕迹。壁面热蚀图痕的形成一部分是由于壁面材料在温度热辐射等各种因素的作用下发生热解行为形成的，其与火场温度、燃烧持续时间、起火部位等方面存在着对应的联系和规律。

由于火灾的复杂性和特殊性，可燃材料类型、建筑物结构通风条件和火灾扑救行为等因素均会对火灾热蚀图痕的形成产生不同程度的影响，不同火灾调查人员的经验和熟练程度不同，可能使得不同的火调人员对同一个火灾现场得出不同的结论。针对火灾图痕，近年来，国内外学者都相继开展了大量研究，主要通过试验与数值模拟方法，对火灾图痕特征及其与火灾燃烧、蔓延过程的对应关系开展了相应的研究。如天津商学院的刘万福对通风控制房间发生火灾后壁面痕迹与火源位置的关联性进行了试验研究，分析了火源位置不同时壁面材料燃烧痕迹的异同，并给出了不同火源位置时的热释放速率，壁面温度及辐射热分布情况。由于开展全尺度火灾模拟试验受场地和费用限制，且实施难度较大，小尺度试验很难同时满足所有无量纲量相似条件的要求，难以保证所得数据针对全尺度场景时的可靠性。采用计算机模拟火灾试验，已成为一种对火灾痕迹进行研究的有效手段和方法。

（二）壁面烟熏痕迹分析

火灾过程中会产生大量含有燃烧或热解作用产生的悬浮于气相中的可见固体和液体颗粒的气体，烟熏痕迹是指火灾现场中物质燃烧产生的含有大量游离碳，流动时黏附于物体之上所形成的一种痕迹。火灾过程中，烟熏痕迹是由于火灾烟气中大量的游离碳在固体吸附作用下黏附在物体表面而形成的，烟熏痕迹的形成主要与燃烧条件、当地温度、物体表面材料以及环境因素有关。烟熏痕迹普遍存在于所有的火灾现场中，是认定火灾原因的重要证据之一。

火灾烟气是一种混合物，包括可燃物热解或燃烧产生的气相产物，如未燃气裂解气、未完全燃烧气体、水蒸气、CO、CO_2和多种有毒腐蚀性气体，还包括由于卷吸作用引入的新鲜空气，多种微小的固体颗粒。火灾烟气的产生和蔓延取决于火场中的可燃物性质、燃烧状况以及建筑结构、通风条件等因素，烟熏痕迹的形成是由于烟气中的游离碳，在烟气受热作用产生热膨胀和浮力以及外部风力、热风压作用下流动，在烟气流动过程吸附于物体表面或侵入物体空隙中形成的一种现象。烟熏痕迹的形成主要与燃烧条件、当地温度、物体表面材料性质以及环境因素有关，影响烟熏图痕几何形状的因素则包括火源功率、燃料种类、燃料的发烟量、建筑物的结构、烟气颗粒在物体表面的吸附性、物体形状、物体表面材料性质在热环境下的变化方式、物体与火源间距离的大小、火场通风条件等。火源功率、火源距离壁面的距离和通风等因素的不同决定了壁面附近的烟气颗粒分布和流场特征，烟气颗粒分布和当地流场特征决定了该工况下烟熏痕迹的最终形成。火场烟熏痕迹的形成过程极其复杂，取决于烟气颗粒分布以及烟气颗粒碰撞吸附的动力学过程。烟熏图痕一般先在起火点附近面对烟气流动方向的部位和处于烟气流顶部的物体上形成，而后在烟气流通道上形成。

二、火灾物证鉴定与分析技术

火灾物证鉴定就是物证鉴定机构对公安消防部门提取的火灾现场物证，按照相关的鉴定标准和技术规程，利用专门的仪器设备、技术手段并依靠鉴定人的经验和知识，对火灾物证的物理特性和化学特性所出具的鉴定意见。火灾物证鉴定是火灾原因调查工作中的重要环节，也是整个火灾调查和处理过程中所收集到的证据体系中的重要证据之一。一个完整、科学、准确的火灾原因认定常常需要物证鉴定结论的支持，尤其是重特大或疑难火灾，更需要鉴定来提供技术依据。根据《公安机关办理行政案件程序规定》《消防法》《火灾事故调查规定》等法律法规的规定，为了查明火灾原因，公安消防部门有时需要提取火灾现场中的物证，委托有资格的鉴定机构进行技术鉴定。

由于火灾物证鉴定是具有专业特长的鉴定人，依据鉴定标准或鉴定规则，利用各种相关分析仪器得出技术性结论，因此，火灾物证鉴定结论更加具有科学性和可信性，对火灾事实更加具有证明作用。

经过多年的研究和应用，目前我国火灾物证鉴定已经形成了较完整的理论体系和方法体系，并制定了很多火灾物证鉴定的方法和标准，主要包括电气火灾物证鉴定方法、易燃液体物证鉴定方法、热不稳定性物质自燃的鉴定方法、可燃易燃气体爆炸物证鉴定方法等几个大类，数十个方法和标准。公共安全标准化指导性技术文件《消防标准体系表》中详细列出了火灾调查通用标准、火灾现场勘查方法标准、火灾物证鉴定方法标准以及火灾物证实验室处理标准等部分。这些方法和标准的建立，使得火灾物证鉴定更加科学和准确。

通过大量火灾现场的调查与分析，可对火灾事故事实过程有比较清晰的认识，至于事故过程中的现象和演化过程则还需通过深入的理论分析对其内在科学问题和机理进行探究。在理论分析方面，主要是进行火灾动力学的理论分析，包括火灾蔓延机理分析，烟气浓度分布及流动特性分析，建筑构件耐火性能分析，建筑结构高温力学响应特性分析，消防设施灭火效能及对火灾蔓延影响分析等。同时，对于人员伤亡较严重的火灾事故，还进行建筑内安全出口、室外疏散楼梯、疏散门疏散指示标志、应急照明、灭火器、火灾报警装置等设置情况的分析，及火灾发生时建筑内的人员荷载估算。此外，还可能对建筑设计施工和维护管理中涉及的规范情况进行回顾和分析，结合对于事故的技术调查情况，为完善标准规范提出建议。对于一些设有消防安全组织机构的场所，还会对这些场所的管理规程等进行分析。

第三节 火灾调查中的关键要素演变及逆向推演

现场是火灾调查的起点，现场勘查是火灾调查的核心环节，现场勘查结果是科学分析火灾原因的基础和依据。但现有研究侧重火灾现场勘查程序及相关技术的应用，火场要素相关研究较少，未对火场关键要素进行全面梳理，也缺乏要素演变及逆向推演的系统研究。起火部位、起火点、起火时间和起火原因是火灾现场勘查需要解决的关键问题，火灾现场勘查的主要对象是火灾痕迹、人体烧伤痕迹、助燃剂及其燃烧残留物、引火源、引火物，以及现场媒介中的电子物证、监控视频，归纳起来即火灾痕迹、物证、人员、电子证据四个关键要素。对火场关键要素的演变及逆向推演开展系统研究，对于科学准确地开展现场勘查并逆溯分析火灾原因具有重要的理论价值。

一、火场关键要素组成

根据公共安全体系三角形模型，火灾可以看成灾害或突发事件的一种类型，现场勘查需研究火灾发生、发展的演变规律，即火与物、火与人之间的相互作用及其如何随时间和空间发生变化。承灾载体为人、物、环境媒介等火灾直接作用的对象，其中物是构成现场的基础，包括建筑物及火场中物品在火灾中可能发生的本体破坏或功能性破坏，如建筑物倒塌属于功能破坏，玻璃破碎或塑料熔化属于本体破坏。

火灾痕迹是火灾作用要素最直接的体现，人员、同火灾发生直接相关的物证、电子证据等要素与火灾性质或原因密切关联，但在火灾现场未必能全部呈现。同时，现场勘查还要考虑火灾的本质，正如《柯克火灾调查》中提到的那样，发生火灾必须具备四个条件：

（1）燃料或可燃物；

（2）氧化剂必须充足；

（3）点火源；

（4）燃料或可燃物必须在一个可持续的链锁体系中反应。

二、火场关键要素的演变规律

（一）火灾痕迹

火灾痕迹是认定起火部位、起火点、起火原因的重要依据。根据火灾作用形式的不同，以及形成痕迹物体理化性质的不同，可将火灾痕迹分为燃烧痕迹、烟熏痕迹、倒塌痕迹、电气线路故障痕迹等几大类型，结合痕迹物体燃烧性能、结构的差异，或者作用机理的不同，分类可进一步细化。其中燃烧痕迹和烟熏痕迹是火场中最典型的痕迹特征，也是火灾现场勘查关注的重点。

1.燃烧痕迹

燃烧痕迹是火灾现场中反映起火特征的燃烧图形，"V"形痕是最有代表性的燃烧痕迹，其形成机理是在没有障碍物或异常燃烧状态的情况下，火焰向上、向外蔓延，且垂直向上蔓延的速度远大于水平蔓延速度，从而在垂直于地面的平面（如墙面）上留下"V"形或圆锥形的燃烧痕迹。

根据物质燃烧性能的不同，物质可分为可燃物、不燃物和助燃物，物质种类不同，形成的燃烧痕迹不同。火场中推荐的可燃物包括木材、纸张、高分子材料（纤维、塑料、橡胶）等，如木材主要形成炭化痕迹，纸张燃烧后通常形成灰化痕迹，高分子材料主要形成变形、熔化、变色痕迹。不燃物主要形成变色、变形痕迹，混凝土还可能发生剥落、开裂痕迹；金属在足够高的温度下发生熔化；玻璃在火场高温作用下主要形成碎裂痕迹。助燃物主要指防火案件中使用的助燃剂，在火场中燃烧后易形成低位液体流淌痕迹，形成不规则图形。对于水泥、瓷砖、大理石等不燃物地面上，在火灾高温作用下，通常以颜色变化和炸裂、鼓起、变形的形式呈现；在地毯、木质地板等

195

可燃物地面上，通常以局部炭化的形式呈现。

2.烟熏痕迹

烟熏痕迹是火灾间接作用形式的直观展示。火场中，烟气受热作用产生热膨胀和浮力作用，在外部风力、热压作用下形成流动，烟气中的微小颗粒附着在物体表面或进入物体孔隙内部形成烟熏痕迹。烟气的流动规律使烟熏痕迹的形成具有方向性。烟熏程度主要由烟浓度、烟熏时间决定。通常来说，烟浓度越大，烟熏痕迹越重；烟熏时间越长，烟熏痕迹越重。

3.倒塌痕迹

倒塌痕迹包括建筑构件倒塌、物品倒塌、塌落堆积等。由于火场高温作用破坏了建筑物、桌椅、货架的平衡条件，使其由原始位置向失重的方向发生移动、转动，并发生变形破坏，形成倒塌痕迹。物体距离起火点的远近不同，燃烧的顺序存在差异，首先发生燃烧的物体或部位先失去强度，由于重力作用发生变形弯折，失去平衡后，建筑或物体向失去承重的一侧倒塌掉落。

4.电气线路故障痕迹

电气线路故障是引发火灾的原因之一，常见电气线路故障包括短路、过负荷、接触不良等。导体在短路电流、电弧高温作用下，接触点熔化、冷却后形成不同特征的熔化痕迹，称为短路痕迹；导线由于过负荷引起热量发生变化并导致温度升高形成的痕迹为过负荷痕迹；当电气系统中连接处不紧密，导致接触电阻过大，在接头部位局部范围会产生过热现象，产生接触不良故障，并形成相应痕迹特征。电气线路故障通常会引起电气线路自身或周围物体热量升高，若可燃物靠近热点，就可能被引燃，从而引发火灾。

（二）物证

由于火场的高温作用，火灾现场很难找到直接证实起火原因的物证，但在放火案件中，为了尽可能多地造成人员伤亡，嫌疑人通常使用助燃剂实施放火，助燃剂及其燃烧残留物、盛装助燃剂的容器、引火源、引火物、包装物等往往成为证实起火原因的关键物证，也是火灾现场的关键要素。

1.助燃剂及其燃烧残留物

《火灾原因调查指南》（GA/T812-2008）规定，现场有助燃液体存在时，表明有人为纵火嫌疑。助燃剂及其燃烧残留物分析是确定火灾性质的重要技术手段。放火案件不同于其他刑事案件，由于火场高温作用和消防灭火、医护人员救援对现场造成的二次破坏，指纹、足迹等传统物证很难在现场提取到。因此犯罪嫌疑人实施放火所用助燃剂残留物的提取和准确鉴别，成为确定火灾是否为人为放火的关键。常见助燃剂包括汽油、煤油、柴油、油漆稀释剂等，助燃剂种类不同，组分有较大差异。汽油的主要成分为苯、甲苯、二甲苯、三甲苯、四甲苯、萘、甲基萘等芳香烃化合物，直链烷烃以及环烷烃化合物；煤油的主要成分为$C7 \sim C19$的直链烷烃以及少量环烷烃化合物；柴油的主要成分包括$C9 \sim C26$的直链烷烃、环烷烃、蒽类化合物以及环角烷、植烷等成分。燃烧过程中，助燃剂残留物符合轻组分相对含量减少、重组分相对含量增加的变化规律。

2.盛装容器

放火案件中，将助燃剂带到现场需要合适的盛装容器，此类容器以金属和塑料材质为主，其中塑料材质居多，这已在多起放火案中得到证实。盛装容器是现场勘查人员在火灾现场需要重点关注的目标物证。随着火场温度的不同，金属容器主要形成变色、变形、熔化等痕迹特征；塑料容器主要发生软化变形、熔融滴落以及变色焦化现象，在火灾现场勘查过程中，应注意提取高温作用后的盛装容器残留物。

3.其他

火灾现场需要关注的其他物证包括引火源（打火机、定时装置、遥控装置）、引火物、包装物等，其中引火源以打火机最为常见，如成都6·5公交车放火案中，现场勘查人员在嫌疑人尸体旁提取到1枚打火机防风罩，成为该案的关键物证。另外，引火物、包装物的发现和提取也有助于构建完整的证据链条。

（三）人员

由火焰或高温物体作用引起的肌体损伤称为烧伤，人体烧伤痕迹是指人员在火场中受到火灾伤害后在体表和内部留下的痕迹，包括体表烧伤痕迹和内部烧伤痕迹。

1.体表烧伤痕迹

身处火场中的人员，距离火源远近不同，通常在体表形成不同的痕迹特征。短时间暴露于火场高温下可导致身体裸露部分的皮肤表面膨胀松弛，均匀脱落，形成"人皮手套"。因火烧致死的尸体会出现眼紧闭、外眼角皱褶、皮肤皲裂等现象；死后被焚的皮肤受热会产生皱纹、干燥，皮肤表面呈黄褐色。

2.体内烧伤痕迹

人在火场中呼吸挣扎，呼吸道会吸入空气中的烟灰和炭末，咽喉、气管、支气管也会被火焰和高温作用灼伤，呼吸道的损伤特征是认定生前烧死的重要参考依据。由于火灾现场可燃物不完全燃烧产生大量一氧化碳，吸入后导致心血中可检出高浓度的碳氧血红蛋白；烟灰、炭末还有可能进入食道、胃、十二指肠。

（四）电子证据

火灾现场和周围的监控视频，火灾发生和发展过程中围观人员用手机拍摄的视频和照片，火灾报警系统中的相关电子记录，火场中的手机、无线路由器等都可以作为有效的电子证据，为火灾调查提供支撑。

1.视频图像

视频图像分析是火灾调查的关键技术手段，有助于拓宽火灾现场勘查和调查思路，也是最直接确定起火原因的证据支撑。在火灾现场和周围调取的视频监控录像通常会客观记录起火时间，若时间出现偏差，可通过时间校对推断准确的起火时间。另外，视频监控可直观记录火灾发生、发展的过程，特别是对于使用助燃剂实施放火的案件中，汽油等燃烧产生的爆燃现象可通过视频监控记录，成为确定火灾性质的重要依据。

2.火灾报警系统

火灾报警系统可将燃烧产生的烟雾、热量、火焰等通过火灾探测器转化成电信号，从而触发火灾报警控制器，以声音或光的形式通知人群疏散，控制器记录火灾发生的部位和时间等。通常情况下，起火部位安装的火灾报警系统最先发出报警，随着火势的蔓延，周围的火灾报警系统依次发出报警。通过查看相关电子记录，可确定报警时间及报警次序，重现火灾蔓延的顺序，据此确定起火部位和起火时间。

3.手机、路由器

随着科技的发展，手机和路由器在日常生活和办公场所随处可见。在火灾现场，随着火势的蔓延，这些电子产品会由于不同原因出现断电、关机等情况，如由于断电导致的路由器信号消失、手机受火场高温作用关机等，由此可记录火灾发生的时间。

（五）火灾现场关键要素的相互关系

伴随着火灾发生、发展过程，火场四个关键要素在演变过程中相互作用、相互影响。火灾痕迹是火灾发生发展过程、火势蔓延方向的真实记录，不仅体现在建筑物、火场物品上，也体现在现场物证的形态和化学变化、人员的烧伤、电子证据的记录和信号中断等方面；可燃物、点火源、助燃剂盛装容器等物证是形成火灾痕迹的物质基础，也是记录痕迹物证的载体；在放火案件中，嫌疑人是形成火灾痕迹、遗留物证的源头，嫌疑人和受害人也有可能成为记录火场痕迹的载体；电子证据可以直接或间接记录火灾痕迹形成的过程，以及人员进入或逃离火场的活动过程。

三、火场关键要素逆向推演及应用

火灾现场关键要素逆向推演即火灾调查人员以火灾现场关键要素为依据，沿火灾蔓延方向逆向追踪，分析起火部位、起火点，从而确定起火时间、查明起火原因的过程。

（一）火场关键要素逆向推演机理

火场关键要素逆向推演遵从火焰和热量传播的方向性、火场空间的连续性、不以人的意志为转移的客观性等原则。

1.火焰和热量传播的方向性

火焰是一种产生物理效应的化学反应，火焰本质上是气体燃烧，并发出光和热。火焰传播实质上是热传播。无论是热辐射、热对流和热传导，均呈现出较强的方向性。例如，由于热烟气比周围空气轻，趋向垂直向上流动，当气流将火焰吹偏，或火焰通过热辐射将附近的可燃物引燃时，向上蔓延的火焰将会发生变化。火焰和热量传播的方向性是火灾现场关键要素逆向推演的理论基础，直接体现在火灾痕迹上，据此可实现起火部位、起火点、火势蔓延方向的逆向推演。

2.火场空间的连续性

无论是建筑火灾、森林火灾还是交通工具火灾，烟气扩散和火势蔓延在火场空间内均呈现连续性特点，导致火灾痕迹也呈连续性、不间断分布，不管火场破坏程度如何，通过不同火灾痕迹的分析都能追溯到起火部位或起火点，因此，充分利用火场空间的连续性，是火场关键要素逆向推演的重要途径。

3.不以人的意志为转移的客观性

虽然火灾产生的随机性较强，不同火场破坏情况千差万别，但火灾发生、发展和火势蔓延遵循特定的规律，使火场关键要素的演变具有不以人的意志为转移的客观性，形成的火灾痕迹特征、物证属性变化、人员烧伤情况、电子证据记录成为火场关键要素逆向推演的客观依据。

（二）火场关键要素逆向推演的应用

火灾本身的高温作用以及灭火救援行为对火灾现场造成的破坏，给火灾调查和现场勘查带来巨大挑战。火灾痕迹、物证、人员和电子证据四个关键要素是火灾现场勘查的核心，也是逆向推演起火部位、起火点、起火时间和起火原因的基础和依据。起火部位和起火点是认定起火原因的出发点和立足点。

1.起火部位和起火点的确定

火灾痕迹是证明起火部位、起火点的重要依据。"V"形痕顶点的下部通常正对起火部位、起火点；斜面形痕的最低点、扇形痕的中心通常为起火部位或起火点。对于一面倒或斜面形建筑构件倒塌痕迹，表明建筑构件的某一面先失去平衡，该面受热最严重，倒塌方向通常指向起火部位或起火点；交叉倒塌痕迹中间交叉的部位通常对应起火部位或起火点。某建筑火灾中屋顶横梁均朝中间倒塌，中间位置为起火部位。对于物品倒塌痕迹，物品倒塌的方向通常对应起火部位；对于塌落堆积痕迹，通常起火部位的物品首先烧损并掉落，位于堆积层的底层，通过底层堆积物的清理可判断起火部位。

火场中若发现可燃物存在从中心向外蔓延的局部炭化区域，该炭化区域通常是起火点。火场中出现的低位燃烧痕迹，或可燃物上局部烧出的坑、洞，一般为起火点。高分子材料制品的软化变形、熔化、焦化变色痕迹是证明火势蔓延方向的重要依据，面向火源方向一面受热熔化，被烧程度重，形成明显的受热面特征，受热面所指的方向通常指向起火部位或火焰蔓延的相反方向。火场中尸体仅在某一侧或一面出现烧伤痕迹，其他部位未发现明显的烧伤痕迹，则形成烧伤痕迹的一侧或一面正对火灾蔓延方向或指向起火部位。

2.起火时间推断

起火时间很难通过火灾痕迹进行精确推断，通常需要借助电子证据信息，其中视频监控是最直观确定起火时间的重要依据，无论是火灾现场还是周围的监控视频，还是火灾初期或火势蔓延过程中围观人拍摄的视频、照片，都可以为准确推断起火时间提供直接依据，有时即使通过视频无法直接看到起火部位，也可以通过烟气的流动和火焰的反光进行判断。

3.起火原因分析

烟熏痕迹是判断起火原因的重要依据，一般来说，若现场烟痕较轻，可排除阴燃起火，因为较长时间的阴燃过程会产生大量的烟，可燃物被明火点燃或使用助燃剂实施放火的可能性大；若现场物体表面有均匀、浓密的烟熏痕迹，则阴燃起火可能性较大。因此，通过烟熏痕迹的轻重可分析起火原因为阴燃起火还是明火点燃。

电气线路故障痕迹尤其是短路痕迹也是证明起火原因的重要依据。如果在火灾发生前的有效时间内处于通电状态的导线上发现一次短路痕迹，短路点位于起火点附近，起火点附近有足够多的可燃物且可被引燃，在排除其他起火原因的情况下，则可认定火灾由短路故障引发。此外，助燃剂及其燃烧残留物成分的检出，也是认定人为放火的重要依据。

4.建立嫌疑人与现场的关联

使用助燃剂实施放火的案件中，由于汽油等助燃剂闪点低、燃烧速度快，如果嫌疑人将汽油泼洒到衣服和手上，往往将衣服烧毁或头面部烧伤，"人皮手套"遗留者往往指向放火者，据此可建立嫌疑人与火灾现场的关联。此类放火案件中，若嫌疑人点火时距离助燃剂太近或将助燃剂泼洒在身上，点火时由于助燃剂的爆燃作用，还可能导致头发、眉毛被烧焦，或衣物表面形成熔融纤维。某放火案件中嫌疑人裤子由于汽油爆燃作用形成的熔融纤维，可作为嫌疑人实施放火的佐证。

结束语

  在城镇化进程不断加快的新时期，人们对建筑工程的使用性能提出了较高要求，尤其是随着高层、超高层、地下建筑等复杂工程的普遍应用，原有的施工技术与施工工艺已无法满足新时期建筑工程的应用需求，优化创新建筑工程施工新技术与新工艺具有紧迫性。在科学技术快速发展以及建筑工程行业竞争形势日益严峻的背景下，建筑工程行业要想提高自身竞争力，保证自身稳健发展，就要重视施工新技术与新工艺的优化创新与推广应用，以全面降低建筑工程施工成本，提高其整体效益，进而推动建筑工程施工朝着规范化的方向发展。近年来，我国经济飞速发展，建筑数量增长迅速，与此同时，建筑火灾也逐渐呈现多发态势。暖通消防工程在建筑行业实践中的应用越来越重要，强化我国高层建筑的暖通消防工程设计和防排烟施工的效率是消防安全防控的必要之举。

参考文献

[1]刘兴远，武志刚，夏阳.建筑工程施工质量检测工作中若干问题探讨[J].重庆建筑，2022，21（2）：29.

[2]尚文靠.建筑工程施工现场安全监督管理[J].建材发展导向，2022，20（1）：84.

[3]肖敏.探讨建筑工程施工全过程管理问题[J].科技创新导报，2022，19（11）：142.

[4]刘汉良，刘阳.探究建筑工程施工中深基坑支护的施工技术管理[J].科技创新导报，2022，19（5）：129.

[5]刘任峰.建筑工程施工技术管理水平有效提升策略探究[J].中小企业管理与科技，2022（1）：16.

[6]庞德军.探究建筑工程施工中深基坑支护的施工技术管理[J].电脑乐园，2022（6）：0079.

[7]余俊.建筑工程施工新技术、新工艺的应用分析[J].建材发展导向，2022，20（22）：114.

[8]阮波.提升建筑工程施工技术管理水平的策略[J].门窗，2022（15）：100.

[9]张淮发.深基坑支护在建筑工程施工中的把控要点探析[J].石油化工建设，2022，44（6）：128.

[10]赵琳.建筑工程施工的安全管理[J].新材料·新装饰，2022，4（10）：139.

[11]李勇.建筑工程施工技术及其现场施工管理探讨[J].建筑与装饰，2022（13）：68.

[12]李霞.建筑工程施工中的污染及防治措施[J].新材料·新装饰，2022，4（6）：51.

[13]原雷.建筑工程施工中的软土地基处理技术[J].建材发展导向，2022，20（18）：162.

[14]钟奇.浅谈建筑工程消防技术发展[J].门窗，2015（4）：103.

[15]陈林.高层建筑消防工程技术管理提升策略研究[J].城市建筑空间，2022，29（7）：245.

[16]唐继贤.高层建筑暖通消防工程防排烟施工技术[J].门窗，2022（16）：61.

[17]钱娇娇.高层建筑暖通消防工程防排烟施工技术[J].中国科技信息，2021（13）：28.

[18]窦延.高层建筑暖通消防工程中的防排烟施工技术探讨[J].门窗，2021（3）：134.

[19]张波.关于建筑消防工程中防火分隔技术的研究[J].前卫，2021（19）：0073.

[20]张俊芳.消防工程技术专业人才培养体系研究[J].教育教学论坛，2018（52）：238.

[21]华建民，张爱莉，康明主编；何若全总主编.建筑工程施工[M].重庆：重庆大学出版社，2015.

[22]李树芬.建筑工程施工组织设计[M].北京：机械工业出版社，2021.

[23]李玉萍编著.建筑工程施工与管理[M].长春：吉林科学技术出版社，2019.

[24]钟汉华，董伟主编.建筑工程施工工艺[M].重庆：重庆大学出版社，2020.

[25]二级建造师执业资格考试命题研究组编.建筑工程施工管理[M].成都：电子科技大学出版社，2017.

[26]刘勤主编. 建筑工程施工组织与管理[M]. 阳光出版社， 2018.

[27]闫胜利主编. 消防技术装备[M]. 北京：机械工业出版社， 2019.

[28]李念慈，陶李华，熊军，徐亮编. 建筑消防工程技术解读[M]. 北京：中国建筑工业出版社， 2022.

[29]黄民德，胡林芳主编. 建筑消防与安防技术及系统集成[M]. 北京：中国建筑工业出版社， 2022.

[30]迟玉娟作. 消防管理与火灾预防[M]. 北京：中国建材工业出版社，2022.